MANUEL

D'ANALYSE CHIMIQUE

DES EAUX

MINÉRALES, MÉDICINALES,

ET DESTINÉES A L'ÉCONOMIE DOMESTIQUE.

IMPRIMERIE DE C. J. TROUVÉ,
RUE DES FILLES-SAINT-THOMAS, N° 12.

MANUEL

D'ANALYSE CHIMIQUE

DES EAUX

MINÉRALES, MÉDICINALES,

ET DESTINÉES A L'ÉCONOMIE DOMESTIQUE ;

PAR MM. HENRY,

CHEF DE LA PHARMACIE CENTRALE DES HÔPITAUX CIVILS DE PARIS,
MEMBRE TITULAIRE DE L'ACADÉMIE ROYALE DE MÉDECINE, etc. ;

ET HENRY FILS,

AIDE A LA PHARMACIE CENTRALE, ET MEMBRE ADJOINT
DE L'ACADÉMIE ROYALE DE MÉDECINE.

A PARIS,

CHEZ CREVOT, LIBRAIRE-ÉDITEUR,

RUE DE L'ÉCOLE DE MÉDECINE, N° 3,

PRÈS CELLE DE LA HARPE.

1825.

AVANT-PROPOS.

Le Manuel que je présente aujourd'hui aux jeunes pharmaciens n'est que le résumé des travaux d'un grand nombre de chimistes savans et distingués, qui ont été nos maîtres dans la science; et, quoiqu'il ne réunisse qu'une foule de faits déjà connus, j'ose espérer qu'on ne me reprochera pas de publier un mode d'analyse dont on ne trouve aucun modèle, et sur lequel il n'existe que des mémoires plus ou moins étendus. Dans l'exposé des motifs qui me déterminent à offrir à la jeunesse studieuse ce fruit de nos travaux, j'espère trouver une excuse suffisante à une pareille entreprise. J'aurais abandonné tout projet de le publier, si je n'avais la certitude qu'il sera de quelque utilité à nos confrères, souvent consultés sur tout ce qui regarde la salubrité publique. C'est donc pour leur épargner des recherches souvent difficiles, quelquefois fastidieuses, que j'ai réuni dans un même cadre tout ce qu'ils peuvent et doivent exécuter quand ils seront appelés à prononcer sur la nature des eaux en général.

En effet, personne n'ignore que le pharmacien se trouve chaque jour placé entre le consommateur, étranger aux notions utiles qui peuvent le guider dans le choix des objets essentiels à la vie, et le magistrat chargé du maintien des lois sanitaires; que l'un et l'autre interrogent son expérience, et appellent ses conseils dans l'intérêt public et privé. On sait aussi que le médecin ne se détermine à admettre certains procédés curatifs, résultans de l'emploi des boissons, des bains, etc., qu'après une analyse exacte des eaux médicinales; enfin, les arts économiques et industriels eux-mêmes ont souvent besoin, sur cette matière, de notions précises qui puissent diriger ceux qui les cultivent, et leur épargner une foule d'expériences et de tâtonnemens dispendieux.

Ces considérations réunies m'ont seules déterminé à offrir ce traité, que des invitations émanées des autorités scientifiques ou administratives, auxquelles, par état, je dois une respectueuse déférence, m'avaient fait entreprendre, et à publier les différens moyens qui ont été exécutés et rectifiés sous mes yeux dans les laboratoires de Pharmacie centrale.

On conçoit dès-lors que l'idée de classer dans un ordre régulier les méthodes et documens qui se rattachent à l'analyse de l'eau, considérée dans son acception la plus étendue, a dû se présenter d'elle-même à mon esprit. Sans doute il existe sur ce sujet de nombreux matériaux disséminés dans les dictionnaires des sciences médicales et des sciences naturelles; sans doute les recueils des académies et les mémoires des savans étrangers, tels que ceux de Bergman, de Berzélius, de Thomson, de Murray, etc., contiennent des notions analytiques très-bien établies; mais ces ouvrages dispendieux et rares sont difficilement à la disposition des pharmaciens exerçant dans des résidences éloignées du centre, et ne peuvent d'ailleurs présenter les avantages d'un manuel classique et élémentaire (1).

Pour concilier à celui-ci la confiance, il me semble convenable d'avertir le lecteur que plusieurs des moyens d'analyse

(1) M. Duchanoy, administrateur des hôpitaux civils de Paris, l'un des plus respectables médecins de la capitale, et qui, pendant un grand nombre d'années, a su mériter une réputation de confiance et d'estime, a publié un traité sur les eaux minérales artificielles, qui, pour le temps, a répondu à tout ce qu'on devait attendre dans cette partie, mais qui diffère totalement du Manuel que nous offrons aujourd'hui. Nous avons cependant recueilli, dans les conseils qu'il donne, des moyens que nous avons mis en pratique.

qui se trouvent employés, sont un emprunt fait aux méthodes publiées par les chimistes les plus distingués de notre époque, et notamment d'abord par Fourcroy, dans son *Système des connaissances chimiques*, livre aujourd'hui trop peu étudié des jeunes chimistes, et qui rappellera long-temps la perte de cet homme célèbre trop tôt ravi aux sciences; puis, par MM. Thénard et Chevreul, dans les Traités et Mémoires qu'ils ont donnés au public. En suivant des routes déjà tracées par les savans, tant français qu'étrangers, je n'ai pas cru devoir négliger d'en ouvrir de nouvelles, à mesure que d'heureux essais ont fait sentir la possibilité de s'écarter avec succès des anciennes, principalement en émettant mon opinion sur divers réactifs qui pouvaient induire en erreur dans plusieurs circonstances. Je puis dire même que les jeunes pharmaciens qui ont suivi mes leçons, et auxquels cet ouvrage est le plus spécialement destiné, y retrouveront, mis en action-pratique, plusieurs principes de théorie nouvelle dont je leur ai fait part, et qui, à raison des développemens qu'ils ont reçus, complettent en quelque sorte la doctrine usuelle sur cette matière.

En terminant cet exposé des motifs régulateurs de cet opuscule, il me reste à remplir un autre devoir, qui est pour moi de rigoureuse équité, en déclarant avec la même franchise qui a dicté ce qui précède, que mon fils, membre adjoint de l'Académie royale de médecine, pharmacien attaché à la Pharmacie centrale des hôpitaux de Paris, a répété avec un soin minutieux tous les procédés-pratiques consignés dans ce Manuel, qu'aucun mode analytique n'y a été rapporté que par suite de vérifications réitérées, et après que l'expérience lui en a démontré l'exactitude et la précision. Ainsi, je ne fais que lui rendre ce qui lui appartient, en regardant ce travail comme lui étant propre. Cet aveu tout désintéressé n'aura rien de défavorable, du moins aux yeux de ceux qui, connaissant la nature et la multiplicité de mes occupations dans l'établissement important dont la direction et la surveillance me sont confiées, savent aussi bien que moi que je n'aurais pu tenter seul, et privé des auxiliaires intelligens qui me secondent (1), une série d'essais aussi considérables et de calculs aussi multipliés.

En suivant le mode que nous indiquons, peut-être n'arrive-t-on pas toujours à découvrir des substances aussi difficiles à rencontrer que celles qui viennent d'être démontrées par M. Berzélius : il n'appartient qu'à un savant d'un ordre aussi dis-

(1) Je me plais à rendre ce témoignage public aux élèves qui ont jusqu'à ce moment concouru aux travaux de la Pharmacie centrale. J'ai toujours trouvé en eux beaucoup de zèle pour la science; ils ont tous porté chez eux le goût et l'amour du travail qu'ils avaient puisé dans nos laboratoires.

tingué de nous mettre sur la voie, et de nous prouver l'existence de corps qu'on était loin de soupçonner. Nous invitons les jeunes chimistes à lire avec attention les dernières analyses qu'il vient de publier dans les *Annales de chimie de* 1825.

Je n'ajoute plus qu'un mot : malgré tous mes efforts et l'emploi de tous mes soins, ce Manuel ne sera sans doute pas exempt de défauts et même de lacunes ; aussi je ne le publie qu'avec défiance, persuadé cependant que si l'on observe quelques erreurs ou omissions importantes, les personnes instruites voudront bien m'honorer de leurs remarques ; je recevrai avec une véritable gratitude toutes les observations qui pourront concourir à l'exactitude et à l'utilité de mes recherches.

Ce 29 juin 1825.

HENRY.

INTRODUCTION.

De toutes les substances répandues à la surface du globe, il n'en est pas qui, plus que l'eau, mérite de fixer l'attention, et d'appeler les recherches des chimistes, à raison du rôle si important qu'elle joue dans presque toutes les productions de la nature, de sa présence dans tous les corps, mais surtout de ses nombreux usages pour l'existence de l'homme, soit dans l'état de santé, soit dans l'état de maladie. Agent universel de la nature, l'eau, formée dans les hautes régions par les météores qui déterminent la combinaison des principes qui la constituent, ou rendue à sa première forme, après avoir été enlevée en vapeurs dans l'atmosphère, en prenant l'état liquide, et retenue partiellement en dissolution par l'air lui-même au milieu duquel elle se trouve momentanément suspendue, l'eau tombe à la surface du sol, le pénètre plus ou moins profondément. Ce liquide, doué d'une faculté dissolvante proportionnée à la nature des substances qu'elle rencontre à la surface de la terre ou dans ses trajets, fournit à la constitution des unes, détermine les modifications ou la décomposition des autres, reparaît pour former les ruisseaux, les rivières ou les lacs, entraînant avec lui des matériaux invisibles, mais pourtant assez sensibles pour le rendre plus ou moins salubre. Retenu dans des cavités profondes, où il se trouve privé de l'accès de l'air, il y éprouve des modifications qui le rendent peu propre aux usages ordinaires de la vie. Enfin, il jaillit en sources vives, après avoir fait une route plus ou moins longue au milieu de minéraux de toute espèce, de gaz de différente nature. Dans ces trajets, l'eau favorise des combinaisons nouvelles, en se dépouillant elle-même d'une partie de ses principes constituans, retenant avec elle la matière de la chaleur résultante de sa décomposition partielle, ou due peut-être à l'influence de la matière électrique mise en jeu par des moyens qui nous sont inconnus. Ailleurs elle enlève aux matériaux au milieu desquels elle s'écoule, des proportions variées de ces mêmes corps qu'il importe de déterminer avec d'autant plus d'exactitude, que, dans ces sortes de circonstances, si elle sort de la catégorie des substances nécessaires et destinées à la nourriture de l'homme, elle peut venir à son secours dans les infirmités qui l'assiégent, ou lui offrir encore, par l'abondance et la qualité des matières qu'elle retient enchaînées, des ressources considérables que les arts réclament.

De ces considérations générales, il résulte déjà qu'indépendamment de sa présence dans les corps, l'eau peut être le sujet de l'étude la plus intéressante, soit comme servant aux besoins ordinaires de la vie, soit comme pouvant, si elle est impropre à ces usages, être encore utile dans les travaux économiques, soit comme constituant, par les substances qu'elle entraîne avec elle, une série assez considérable et assez importante de médicamens, soit enfin comme rapportant à la surface du globe, mais en dissolution, des matières qui, ramassées à des profondeurs considérables, auraient exigé des travaux immenses pour leur utile exploitation.

Dans le premier cas, l'eau constitue alors ce qu'on appelle habituellement *eau potable*.

Dans le second, quoique n'ayant pas toutes les qualités qui pourraient la rendre également salubre pour les besoins de la vie, l'eau peut être utile encore à des besoins d'un autre genre : elle peut entrer dans la constitution des liquides, et des diverses préparations plus ou moins composées que l'homme emploie à son usage.

Dans le troisième, sous le nom d'eaux minérales proprement dites, ou médicinales, l'eau présente à l'art de guérir des préparations naturelles de tout genre, dont il s'empare pour combattre les accidens auxquels il est appelé à remédier.

Dans le quatrième enfin, l'eau charrie avec plus ou moins d'abondance des sels de toute nature, des combinaisons métalliques ou autres dont les arts ont besoin de s'enrichir.

Nous diviserons donc notre travail en plusieurs parties.

La première traitera des eaux potables, ou servant aux premiers besoins de la vie.

La seconde traitera des eaux non habituellement potables, décidément insalubres, ou pouvant servir à d'autres usages économiques que celui de la boisson habituelle.

La troisième traitera des eaux médicinales proprement dites.

La quatrième s'occupera des eaux ou des sources salées, métalliques ou autres, qui peuvent mériter d'être exploitées à raison des matériaux qu'elles contiennent.

La cinquième enfin traitera de l'analyse des eaux.

Quoique plus généralement applicable à l'étude des eaux minérales, cette dernière partie comprendra tout ce qu'il sera nécessaire de savoir pour l'analyse des autres espèces d'eaux.

TABLEAU SYNOPTIQUE

DES EAUX MÉDICINALES ET AUTRES.

- **Eaux**
  - non médicinales et économiques.
    - potables
      - eau de pluie.
      - — de rivières.
      - — de sources.
    - non potables
      - servant à des usages économiq.
        - eaux de puits.
        - — de mares.
        - — dormantes.
      - utiles aux arts,
        - eau de mer.
        - eaux de fontaines salées, etc.
    - insalubres
      - eaux croupies,
      - — fétides,
      - — corrompues.
  - médicin.
    - chaudes ou thermales ...... plus ou moins salines.
    - froides
      - 1re classe
        - salines, avec action sur l'économie animale.
      - 2e classe .... gazeuses non acides.
      - 3e classe
        - acidules.
        - acides.
      - 4e classe .... alcalines.
      - 5e classe, ferrugin.
        - gazeuses.
        - non gazeuses.
      - 6e classe, hépatiq.,
        - gazeuses.
        - salines.
      - 7e classe, salines... hydriodatées.

MANUEL

D'ANALYSE CHIMIQUE

DES

EAUX MINÉRALES, MÉDICINALES,

ET DE CELLE DESTINÉE A L'ÉCONOMIE DOMESTIQUE.

PREMIÈRE PARTIE.

DES EAUX POTABLES, OU SERVANT AUX PREMIERS BESOINS DE LA VIE.

L'EAU est une substance éminemment essentielle à la nourriture de l'homme et des animaux. Celle dont ils ont besoin pour vivre et se maintenir dans l'état de santé, n'est point médicinale ; elle n'a d'autre action sur l'économie animale que de l'entretenir dans une disposition favorable au développement et à l'équilibre de l'action vitale.

L'eau est sortie pure de la main de l'Auteur

de toutes choses; et les diverses qualités qu'elle acquiert à la surface du globe tiennent à des circonstances étrangères à sa nature. L'eau qui se forme dans les airs par la combinaison des principes qui entrent dans sa composition, ou qui, d'abord sous la forme de vapeurs qui ont été enlevées dans les régions de l'atmosphère, s'en précipite liquide, est dans un grand état de pureté, et sans presque aucun mélange, si on en excepte les corpuscules qui, flottant au milieu de l'espace, et de nature soluble, peuvent être entraînés par elle dans un état de dissolution complète. Les sels divers qu'elle recèle à la surface du globe ont une origine qui lui est étrangère, et elle ne se les est appropriés que par sa faculté éminemment dissolvante. Aussi regarde-t-on l'eau qui tombe du ciel, reçue directement, au moment de sa chute, dans des réservoirs de matière inattaquable par elle, exposés en plein air, et sans avoir eu le moindre contact avec la terre, comme la plus pure, et celle qui conviendrait le mieux pour les usages ordinaires de la vie. Mais, en arrosant le sol, elle disparaît momentanément, le pénètre à une plus ou moins grande profondeur, et, en se remontrant à la fin, après avoir fourni à la terre qui en avait besoin le secours de sa féconde influence, elle rapporte avec elle tout ce qu'elle a pu lui emprunter, et sa constitution se trouve alors modifiée par la présence de corps étrangers, qui le plus souvent nuisent à sa salubrité.

Au premier rang des eaux potables ou propres aux usages de la vie, on trouverait donc l'eau de pluie, reçue dans les circonstances favorables dont nous venons de parler.

Après l'eau de pluie, se trouve placée celle des rivières.

Viennent ensuite les eaux de sources.

CHAPITRE PREMIER.

De l'Eau de pluie.

Si nous avons regardé l'eau de pluie comme la plus pure, et celle qui serait la plus utile et la plus salubre pour les premiers besoins de la vie, il s'ensuit qu'il faudra chercher à reconnaître les qualités qui la distinguent dans celles qui sont habituellement en usage, ou donner la préférence à celles qui s'en rapprochent le plus.

L'eau de pluie, telle qu'elle a été supposée recueillie, à l'abri de tout ce qui aurait pu l'influencer, est inattaquable par tous les réactifs chimiques, si on en excepte ceux qui peuvent y indiquer l'air dissous; mais l'air, loin de lui être préjudiciable, est essentiel à sa constitution comme eau potable, et, sans sa présence, elle aurait acquis des propriétés défavorables.

Ce n'est pas par l'absence presque absolue (1) des sels contenus dans les autres eaux, que l'eau de pluie mérite la préférence; l'eau distillée

(1) Bergmann annonce avoir trouvé des traces de muriate et de nitrate de chaux dans l'eau de pluie.

jouirait alors du même avantage; mais c'est par la juste proportion de l'air qu'elle tient en dissolution, et dont se trouve privée presque complétement la dernière par l'opération au moyen de laquelle on la prépare. Aussi celle-ci, tout avantageuse qu'elle est pour les usages chimiques, deviendrait-elle d'un mauvais usage comme boisson : elle pèse considérablement sur l'estomac, et, par conséquent, nuirait à quelques-unes des fonctions de la vie, tandis que celle-là, par cela même qu'elle est saturée d'air, deviendrait quelquefois peu favorable dans certaines opérations de chimie.

Formée au milieu de l'air, l'eau de pluie se trouve aussi dans un état thermométrique analogue au fluide qu'elle traverse, si on en excepte les cas où, soumise à l'influence électrique, elle a pu se constituer solide; et si nous recherchons, dans les chaleurs brûlantes de l'été, un breuvage rafraîchissant dans les eaux d'une basse température ou dans la glace elle-même, dans une saison tempérée, nous éprouvons un bien-être sensible à faire usage d'une eau qui se rapproche de l'état de chaleur au milieu duquel nous vivons.

On peut établir que l'eau de pluie est insipide; et nous nous servirons, pour le prouver, du même argument que ceux qui prétendent que l'eau n'est pas complétement dénuée de saveur. Ils apportent à l'appui de leur opinion cette vérité non contestée, que les buveurs d'eau lui reconnaissent une saveur caractérisée. Il est vrai que ceux qui font leur boisson habituelle exclusive de ce liquide, sont très-délicats sur ce point; et s'ils sont si difficiles, c'est que, ne trouvant pas toujours l'eau aussi pure qu'ils la desirent, ils ont le sens du goût assez fin pour distinguer les matières qui lui sont étrangères, et lui communiquent une saveur qu'elle n'aurait pas si elle était dans son état de pureté.

L'eau de pluie est inodore; et si elle avait contracté de l'odeur, elle la devrait à des matières étrangères qui la lui auraient communiquée.

Par cela même qu'on a comparé, sous quelques rapports, l'eau de pluie à l'eau distillée, et qu'on pourrait, dans plusieurs expériences de chimie, la substituer à celle-ci, on pourrait croire que la pesanteur spécifique des deux liquides est la même. Mais, s'il est question d'eau distillée, bien purgée d'air, celle qui sert de point de comparaison pour tous les autres liquides, à une température et à une pression barométrique données, et que, pour cette raison, on a établie comme étalon représentant l'unité, nous croyons énoncer un fait positif, en établissant que la pesanteur spécifique de l'eau de pluie, à la même pression et à la même température, est moins considérable que celle de l'eau distillée. Nous fondons notre opinion sur cette particularité, que l'eau de pluie, étant saturée d'air, doit être spécifiquement plus légère, puisque la dissolution de l'air a dû en augmenter le volume; et en employant les moyens qui seront indiqués dans la cinquième partie de cet ouvrage, on se convaincra de la réalité de cette assertion.

Mais l'eau de pluie recueillie par le moyen des gouttières placées au-dessous de la toiture des bâtimens, a entraîné avec elle, surtout après une longue sécheresse, les corps étrangers qu'elle trouve sur les toits, et s'y charge d'une quantité plus ou moins considérable de matières solubles, animales, végétales et minérales. Rendue dans les citernes où on la conserve, elle y éprouve une sorte de mouvement intestin dû à la putréfaction des matières organiques qu'elle y a apportées; elle dissout aussi une certaine quantité des matériaux eux-mêmes qui ont servi à la construction des réservoirs souterrains qui la reçoivent, s'y dépure, à la vérité, avec le temps, et y redevient plus salubre; mais elle n'est déjà plus comparable à cet état vierge en quelque sorte qui la caractérisait au moment de sa chute.

Quoi qu'il en soit, en surveillant ces réservoirs souterrains, en évitant surtout qu'il y tombe autre chose que de l'eau qu'on veut y conserver, en les nettoyant de temps à autre pour enlever les dépôts plus ou moins considérables qui s'y forment, et dans lesquels il se trouve peut-être des substances organiques décomposables plus tard, on aura des ressources précieuses, qu'on ne saurait trop multiplier dans les pays éloignés des rivières et privés de sources (1).

Il restera cependant à déterminer la nature de ces eaux, et à reconnaître si elles ne sont pas chargées d'une trop grande quantité de matières salines.

Puisque nous avons parlé de citernes alimentées par les eaux de pluie, nous devons faire aussi mention de ces autres réservoirs trop rarement encore peut-être établis dans les campa-

(1) M. Thénard a donné le moyen de purifier l'eau des citernes qui s'est corrompue après un long séjour dans ces sortes de réservoirs. (*Tome II*, *page* 12. 1824.)

gnes également éloignées des sources et des rivières, et qu'on connaît sous le nom de *mares*, unique ressource bien souvent de ces hommes laborieux qui arrosent la terre de leurs sueurs, et des animaux qui l'engraissent et la rendent féconde. L'eau qu'elles renferment est employée à tous les usages; heureux encore les uns et les autres, si des temps de sécheresse calamiteux, des accidens survenus au sol argileux sur lequel reposent ces amas d'eau croupie et nauséabonde, ne les ont pas réduits à l'impossibilité de tarir la soif qui les dévore! Ici, l'insalubrité vient moins des substances salines dissoutes dans les eaux, que des matières végétales et animales qui, par leur putréfaction, les ont corrompues; et vainement on chercherait dans ce liquide si étranger à sa première origine les qualités qui le rendent si précieux pour les usages de la vie. Ce n'est plus, en quelque sorte, l'eau elle-même, c'est le produit d'une macération constante d'une foule de matières qui l'ont dénaturée; c'est l'élément et la demeure habituelle d'un monde d'animalcules souvent invisibles à l'œil nu.

Ici, l'analyse chimique se trouverait peut-être en défaut, par la complication des résultats qu'elle pourrait offrir, et l'impossibilité de bien déterminer la nature d'un pareil liquide. Il ne reste qu'un vœu à former : il comprend à la fois le desir de voir ces réservoirs, quelque imparfaits qu'ils soient, se multiplier davantage, pour éviter aux cultivateurs les courses lointaines auxquelles les oblige la nécessité d'abreuver (1) leurs bestiaux, après s'être souvent imposé à eux-mêmes les plus grandes privations, et celui, s'il pouvait être praticable, d'appliquer ici les procédés de clarification et de dépuration dont on apprécie de jour en jour les nombreux avantages.

(1) Dans plusieurs campagnes du beau pays de Caux, privées de sources, de rivières et de puits, les mares sont encore tellement rares, que les cultivateurs sont obligés d'aller s'approvisionner d'eau à d'autres mares éloignées quelquefois d'une lieue de leurs habitations.

CHAPITRE II.

Des Eaux de rivières.

Les rivières, formées par des sources provenant de la filtration à travers les terrains que pénètrent les eaux qui tombent sur les hauteurs du globe, entraînent nécessairement avec elles, dans les premiers momens de leur course, les divers élémens que leur apportent les cours d'eaux qui les grossissent. Mais ces derniers eux-mêmes, dans le trajet qu'ils ont parcouru déjà, ont pu se dépouiller d'une partie des matières qu'ils tenaient en dissolution, et en se trouvant ramenés à la température au milieu de laquelle ils s'écoulent, ils reprennent aussi à l'air une portion de celui qu'ils auront pu perdre dans leurs voyages souterrains. On peut donc regarder l'eau des fleuves comme se rapprochant assez de la nature des eaux de pluie; mais elles contiennent presque toujours une certaine quantité de matières salines que l'analyse y démontre; et comme ces substances sont de nature bénigne, et dans une proportion qui ne peut être préjudiciable, il en résulte que leur emploi est sans danger. L'écoulement de ces eaux dans un trajet étendu les exposant continuellement au courant d'air qui baigne leur surface, elles n'en deviennent que plus salubres. Quoiqu'elles soient l'élément habituel et la demeure d'animaux qui y déposent leurs excrémens, y vivent et meurent, et doivent par conséquent y laisser des germes de putréfaction de toute espèce, ce mouvement continuel auquel elles obéissent, pour se porter dans les parties les plus basses et se rendre au sein des mers, remédie aux inconvéniens que pourraient offrir les compositions et décompositions qui s'y opèrent, et n'altère en rien leur salubrité. On peut croire seulement que dans les grandes villes qu'elles traversent, à raison de l'immense quantité de matières plus ou moins putrescibles qu'on y jette et qu'y amène la navigation, de l'écoulement des égoûts qui y apportent toutes sortes d'impuretés, de l'énorme quantité de vase plus ou moins putride que ces immondices accumulent, et que le curage le plus soigné ne peut jamais enlever complétement, l'eau doit avoir perdu de sa salubrité. Il est cependant à remarquer qu'il s'établit au milieu de ces eaux un mouvement intestin qui, tout en donnant lieu à des décompositions, des combinaisons de tout genre, opère surtout, à l'aide de l'écoulement continuel qui a lieu, et en raison de sa rapidité plus ou moins prononcée, une sorte de dépuration spontanée qui éloigne les dangers qu'on pourrait craindre.

Mais les crues d'eaux considérables dues aux fontes des neiges qui dans les hivers recouvrent les montagnes et les plaines; mais les pluies longues et abondantes auxquelles sont dues les inondations qui désolent les campagnes environnantes, apportent souvent dans les rivières des matières végétales, animales et minérales, dont les unes, suspendues, troublent la transparence de l'eau, la rendent bourbeuse, et en quelque sorte non potable; tandis que les autres, dissoutes, lui communiquent des propriétés plus ou moins nuisibles. Ici, l'hygiène oblige de lui rendre sa première limpidité, et de la débarrasser des substances qui pourraient être préjudiciables. Parmi les moyens employés de nos jours, on ne peut citer avec trop d'éloges ces établissemens dont s'enorgueillit la capitale, qui en voit sortir limpides, fraîches et sans odeur ces eaux naguère dégoûtantes par leur aspect et leur saveur repoussante. Les filtres-charbons, dont les avantages avaient été depuis si long-temps reconnus et préconisés, ont reçu dans ces derniers temps un complément de perfection qui ne laisse rien à desirer. On sait d'ailleurs que, pénétrés de la nécessité de ne rien enlever à l'eau de l'air qui lui est si essentiel pour les usages de la vie, et d'y en introduire la plus grande quantité possible, les entrepreneurs de ces utiles établissemens ont appliqué à leurs manipulations les moyens de la rendre, sous ce rapport, aussi salubre que possible (1). Après l'emploi de ces moyens de clarification, de dépuration, d'acrification si

(1) A l'entrée d'une ville manufacturière, où les pompes à feu se trouvent singulièrement multipliées, un établissement s'était emparé, et dans une proportion journalière considérable, de l'eau d'une mare servant d'abreuvoir à des bestiaux, et, après en avoir fait usage, la restituait, mais à une température assez élevée, et avant de lui avoir rendu le principe vivifiant que la chaleur lui avait enlevé.

Des accidens avaient eu lieu par l'emploi de cette eau dont les bestiaux faisaient usage, et des plaintes fondées s'étaient élevées à ce sujet. L'administration, éclairée sur la cause notoire de ces accidens par les hommes de l'art consultés à ce sujet, obligea le directeur à faire faire à cette eau, dont il eût été difficile de priver un établissement reconnu très-utile, un trajet considérable avant de la restituer à la mare, dans le dessein :

1°. De la ramener à la température ordinaire de celle à laquelle elle devait à la fin se réunir;

2°. De lui rendre, par la longueur du chemin à parcourir, l'air que la chaleur lui avait enlevé.

utiles, il pourrait arriver que les eaux de rivière retinssent en dissolution des sels plus ou moins insalubres, ou qui ne permettraient pas d'en faire usage comme boisson. Ici, la chimie, si elle ne peut espérer de les enlever complétement, doit chercher les moyens de les signaler, d'en indiquer la constitution, la proportion, et par cela même prononcer si, avec cette apparence désormais si flatteuse, elles peuvent continuer d'être employées pour les besoins de la vie.

Sans aucune exception, les eaux de rivière ne contiennent aucun des matériaux qui rendent les autres médicinales, ou si elles en contiennent, c'est le plus souvent dans une proportion si faible, qu'on peut, avec raison, les regarder comme étrangers à ces dernières. Par leur origine, il est manifeste qu'elles doivent contenir des sels à base de chaux et autres dans des proportions variables. Ces sels sont le sulfate de chaux, des hydrochlorates de chaux et de magnésie, les carbonates, le plus souvent étrangers au carbonate de chaux, parce que ce dernier n'étant soluble que dans un excès d'acide, par l'exposition à l'air et le mouvement continuel des eaux et des sels, il finit par se décomposer, et laisse précipiter le carbonate devenu insoluble. Elles peuvent aussi contenir un peu de silice, une matière végéto-animale. On trouvera dans la cinquième partie les moyens d'analyse à employer.

Indépendamment de l'usage de l'eau de rivière comme boisson, elle est employée aussi à la préparation des alimens, au lessivage du linge. Quelquefois, par la nature des sels qu'elle contient, elle est impropre à la cuisson des légumes et caillebote l'eau de savon. Ces particularités importantes devront être mentionnées dans l'analyse. Généralement, les eaux fortement séléniteuses sont peu favorables quand elles doivent être employées comme boisson, ou aux usages dont nous venons de parler.

La température des eaux de rivière se rapprochant assez sensiblement de celle de l'atmosphère, on doit regarder leur état thermométrique habituel comme étant aussi favorable qu'on peut le desirer.

Leur pesanteur spécifique, déterminée par les moyens qui seront décrits plus bas, sera l'indice de la plus ou moins grande quantité de sels qu'elles peuvent tenir en dissolution.

Les eaux de rivière étant aussi saturées d'air qu'elles peuvent l'être par leur contact habituel avec lui, et leur écoulement continuel qui renouvelle et multiplie les surfaces, on est porté à croire qu'elles ont, sous ce rapport, toutes les qualités desirables. Au reste, on s'en assurera, comme il sera dit plus bas.

CHAPITRE III.

Des Eaux de sources.

La fraîcheur habituelle des eaux de source et, pour la plupart du temps, leur séduisante limpidité, ont un mérite qui doit prévenir en leur faveur. Aussi l'usage de ces eaux a-t-il souvent prévalu sur celui des eaux de rivière, quand celles-ci n'ont pas été clarifiées et dépurées, et en vertu, d'ailleurs, de la répugnance qu'on peut pardonner, dans les grandes villes surtout, à se servir d'une eau que l'on a des raisons apparentes de croire chargée de beaucoup de matières nuisibles, si l'on n'est pas intimement convaincu ou qu'il s'établit une dépuration spontanée capable de dissiper les inquiétudes, ou qu'en raison des grandes masses de certaines rivières, les substances étrangères qui viennent de s'y mêler ne peuvent influer sur sa salubrité. Mais les eaux de source, si flatteuses par cette limpidité cristalline qu'on ne se lasse point de contempler, par cette abondance de vie qu'elles apportent au milieu de nos prairies, de nos bosquets, dont elles entretiennent la fraîcheur, au pied des rochers d'où elles jaillissent, ont souvent besoin, pour être plus salubres, d'avoir perdu un peu de cette sorte de crudité qui subjugue d'abord, mais quelquefois au détriment de leur bonté, parce qu'elle n'est due qu'à une basse température, qui lui permet de retenir plus longtemps en dissolution des substances dont elles se dépouilleraient dans les sinuosités qu'elles ont à parcourir avant d'aller grossir les fleuves où elles se rendent. Il est vrai que l'eau des fontaines provenant des sources plus ou moins éloignées des lieux où elles sont établies, a déjà pu perdre une partie des substances salines qu'elles apportent avec elles dans les lieux où elles sourdent, et que le trajet qu'elles ont fait dans les canaux pratiqués pour les contenir, a suffi quelquefois pour les rétablir à une température plus rapprochée de celle au milieu de laquelle nous vivons. Mais comme la plupart doivent leur origine à des eaux pluviales qui souvent, après leur chute sur de hautes montagnes, ont traversé des masses de matières qui n'ont pu se soustraire à leur propriété dissolvante, à l'instant où elles se font jour, elles se trouvent chargées, autant qu'elles peuvent l'être, de ces mêmes matériaux, et offrent d'ailleurs un état thermométrique différant sensiblement de celui qui les environne. Ainsi, en supposant qu'elles doivent réparer cette dernière perte par le chemin qu'elles parcourront pour arriver aux fleuves, il est toujours vrai de dire qu'à leur naissance on doit les regarder comme beaucoup moins salubres. Si elles ont traversé des masses de sulfate de chaux, elles s'en trouvent fortement chargées, et, indépendamment de l'action particulière que ces eaux exercent sur l'estomac, elles deviennent impropres à la cuisson des légumes et au lessivage du linge.

Si, en tombant à la surface d'un sol meuble et cultivé, elles favorisent les décompositions salutaires qui donnent lieu à une végétation florissante, elles s'y chargent aussi d'une quantité considérable de gaz acide carbonique, et, s'infiltrant à travers des amas plus ou moins volumineux de terre calcaire, elles en dissolvent autant que le permet la portion d'acide carbonique qu'elles avaient retenue; et, au moment où elles viennent à s'établir en communication avec l'air extérieur, elles déposent, sous la forme d'incrustations, une partie de ce carbonate de chaux, en perdant et laissant exhaler l'acide carbonique qui en avait favorisé la dissolution.

Souvent, dans le trajet qu'elles ont à parcourir avant d'arriver dans le voisinage du consommateur, elles déposent ce sel plus ou moins abondamment sur les corps qu'elles rencontrent, et les en recouvrent, ou mieux en remplacent les fibres peu à peu, de manière à simuler des pétrifications curieuses de matières organiques : mais elles en conservent encore une proportion considérable. A des distances éloignées, ce sel acidule est facile à démontrer, car, à la plus légère impression de chaleur, elles se troublent, laissent exhaler l'acide dissolvant, tandis que le sel, devenu insoluble, se précipite.

Dans la chaîne presque continuelle des montagnes qui bordent la Seine, depuis la capitale jusqu'à son embouchure dans la mer, la plupart des eaux qu'elles recèlent, et qui se font jour à leur base pour se rendre au fleuve, offrent ce phénomène à chaque pas : c'est à lui qu'on doit ces incrustations rares et curieuses qui remplissent les cavités des carrières situées dans le voisinage de la Seine.

L'eau filtrée, au moment où elle vient à percer la voûte de ces vastes souterrains, y dépose par l'évaporation, sous la forme de stalactites plus ou moins majestueuses, le carbonate de chaux dont elle était chargée, mais dont elle ne s'est pas complétement dépouillée; car le sol sur lequel elle tombe ensuite se trouve bientôt recouvert de stalagmites mamelonnées de toute espèce; et à une grande distance de là, elle dépose encore, à la plus légère impression du feu, une grande quantité de sel acidule dont elle paraît en quelque sorte sursaturée.

Les eaux de source de cette nature sont quelquefois réunies pour alimenter les fontaines des grandes villes, et transportées dans des canaux métalliques ou autres, et le plus souvent dans des tuyaux de plomb. Mais la surface interne des canaux de plomb étant toujours recouverte d'une couche d'oxide, on doit penser que le sel acidule peut éprouver une décomposition, parce que l'acide du sursel se porte sur l'oxide, tandis que le carbonate de chaux se précipitera, et formera un enduit intérieur qui, à la vérité, préservera désormais l'action de l'eau sur le métal. Mais il devient important de faire cette remarque, parce que, comme cela peut arriver souvent, si, pour des prises d'eau et des embranchemens que les localités rendent nécessaires, on pique sur la branche principale de nouveaux tuyaux en plomb, l'effet dont nous avons parlé plus haut se renouvelle, et il est de nécessité absolue de laisser écouler les premières portions d'eau sans en faire usage. Cette eau est blanche, parce qu'elle est chargée de carbonate de chaux mêlé de carbonate de plomb, et ce n'est qu'après un temps considérable qu'elle reprend sa première limpidité, et lorsque la déposition calcaire a fini par former l'enduit intérieur qui doit s'opposer à toute décomposition par la suite.

On trouve dans les villes où ces sortes d'eaux alimentent les fontanies, une différence sensible entre celles où l'eau, avant d'être livrée à la consommation publique, est recueillie dans des réservoirs exposés au contact de l'air, et celles où l'eau s'écoule directement du canal qui l'apporte et la livre sans intermède. La première est toujours moins chargée de carbonate acidule, et, au bout de quelque temps, on trouve les réservoirs tapissés d'une couche plus ou moins épaisse de carbonate de chaux qui s'est déposé par le dégagement à l'air de l'acide carbonique, tandis que, dans le second cas, l'eau est employée telle qu'elle se trouve dans les canaux qui la charrient (1).

(1) On a regardé, et on cite encore quelquefois aujourd'hui comme préjugé l'opinion des confiseurs de Rouen, qui pensaient que la seule eau de fontaine de cette ville, propre

Lors donc qu'on se trouvera dans l'obligation d'employer les eaux de cette sorte, il conviendra toujours de les exposer quelque temps à l'air libre avant de les livrer à la consommation, et, s'il est possible, de les y tenir en agitation plus ou moins constante : le départ, ainsi facilité, d'une portion d'acide carbonique, en fera séparer aussi une portion de carbonate calcaire qu'elles retiennent par son influence (1).

Indépendamment du carbonate acidule et du sulfate de chaux contenus dans les eaux de

à faire la plus belle gelée de pommes, était celle de la fontaine dite de Lisieux, produite par le dernier embranchement sur un canal qui alimente toutes les fontaines précédentes, et charriant une eau de la nature de celles dont il est ici question. Mais, en observant que cette eau, venue de l'ouest, d'une distance considérable, portée à dix ou douze fontaines qui précèdent celle-ci, et souvent recueillie dans des réservoirs particuliers, n'est elle-même que le *trop-plein* d'une dernière cuve, qui, comme les autres, dépose une assez grande quantité de carbonate de chaux; qu'elle a parcouru depuis sa source (St.-Filleul) un très-long espace de chemin, et a été dépouillée par conséquent d'une grande portion de son sel acidule, ne peut-on pas raisonnablement supposer que, dans l'opération dont il s'agit ici, son emploi doit être plus avantageux, lorsque, d'ailleurs, l'expérience a démontré que cette eau est la moins calcaire de toutes?

(1) Dans un grand hôpital de province, où les eaux sont de cette nature, et arrivent directement de la source dans un grand réservoir presque souterrain, et privé de communication avec l'air extérieur, elles conservent une transpa-

source, elles retiennent aussi parfois avec eux des sels compatibles, qui ne nuisent pas précisément à leur salubrité, mais qui les éloignent davantage encore de cet état de pureté qu'on ne saurait trop rechercher dans un liquide de première nécessité pour la nourriture de l'homme. Dans la cinquième partie de ce Traité, nous indiquerons les moyens de les reconnaître et de les apprécier.

Nous ajouterons que, dans les eaux qui contiennent le sel acidule, l'air se trouve assez sou-

rence très-prononcée, et on les transporte de là, par le moyen de canaux de plomb, dans les parties les plus basses de l'établissement. Les personnes qui en font usage comme boisson s'en plaignent habituellement. Mais pour desservir les parties élevées de l'hospice, cette eau du réservoir inférieur est reprise à l'aide d'une machine hydraulique, et portée dans un réservoir placé à une grande hauteur, bien aéré, et contenant dans une surface considérable cent cinquante muids d'eau. Pour peu que cette eau y séjourne, comme elle ne tombe dans ce réservoir que par une nappe en cascades, qu'on a imaginée dans la seule vue d'en faire un objet d'agrément, elle se recouvre d'une pellicule saline, qui forme après quelque temps un dépôt qu'il faut enlever, lorsque le réservoir inférieur conserve en tout temps l'eau dans le plus grand état de limpidité. On ne se plaint nullement de cette eau, qu'on distribue dans les étages supérieurs de l'établissement, et le plus souvent on voit les personnes logées au rez-de-chaussée venir s'approvisionner de préférence de celle qu'on a distribuée, à l'aide de canaux, dans les parties élevées de l'établissement.

vent remplacé par le gaz acide qui prédomine, et que, sous ce rapport encore, elles ont perdu une des qualités essentielles qui caractérisent les eaux éminemment potables.

Nous n'avons pas besoin d'ajouter que leur pesanteur spécifique n'est plus aussi en rapport avec celle de l'eau distillée, quoique, par l'expérience, elles ne s'en éloignent pas autant qu'on devrait le supposer, parce qu'ici encore la présence de l'acide carbonique presque libre les rendant plus volumineuses, la masse de liquide, comparée à l'eau distillée, se trouve aussi réellement moindre.

D'après tout ce qui vient d'être dit sur les eaux de source, il faut conclure qu'avec un aspect plus flatteur que les eaux de pluie et de rivière, elles peuvent réellement être moins salubres, et que, pour avoir le mérite de la fraîcheur, surtout dans les saisons chaudes, où les autres eaux exposées à l'air se rapprochent trop d'une température qu'on ne supporte pas sans quelque gêne, elles peuvent recéler des matériaux qui les rendent pesantes; enfin, que quelques-unes qui sont séléniteuses cuisent mal les légumes, décomposent le savon, ou peuvent influer sur la nature des alimens qu'elles servent à préparer, par l'abondance plus ou moins considérable des sels terreux ou autres qu'elles y introduisent.

De tout ce qui précède, il résulte que les eaux éminemment potables se caractérisent par la transparence;

Par l'absence de toute espèce d'odeur;

Par une pesanteur spécifique semblable ou très-voisine de celle de l'eau distillée, dans les mêmes circonstances qu'elle;

Par l'absence absolue de toute espèce de matière saline, terreuse ou autre.

Mais toutes ces circonstances ne pouvant que très-rarement se rencontrer, on admettra comme telles toutes celles qui, réunissant les trois premières conditions, n'offriront, par l'analyse, qu'une très-petite proportion de sels, et surtout de ceux particulièrement qui ne peuvent troubler en rien l'économie animale, et porter préjudice aux fonctions digestives.

SECONDE PARTIE.

DES EAUX NON HABITUELLEMENT POTABLES.

L'ORIGINE commune à tous les liquides participant de la nature de l'eau est toujours l'eau de pluie, et les liquides les plus composés eux-mêmes finissent par se laisser enlever, au moyen de l'évaporation, une grande partie de l'élément aqueux qui les constitue. Mais l'eau qui pénètre le sol s'arrête quelquefois dans les cavités qu'elle trouve sur son passage, et y resterait éternellement, si la main de l'homme n'avait trouvé le moyen de l'en tirer; tandis que celle qui a échappé à l'évaporation, et qui appartient à des liquides composés, en s'infiltrant à travers les terres, n'y perd pas toujours toutes les matières étrangères qu'elles tenaient en dissolution, et, en se réunissant dans les lieux où sa gravitation naturelle l'a entraînée, y apporte un amas de liquide qui, pour avoir l'apparence de l'eau, n'a aucune des qualités qui distinguent celle que l'homme peut faire servir à sa boisson. Celles mêmes qu'il emploie à la préparation de ses alimens, et aux divers usages économiques, imprégnées de substances putrescibles, telles que les eaux sales, bourbeuses, mélange souvent infect de divers liquides de nature plus ou moins compliquée, ne vont pas toujours se perdre dans les rivières, où, après avoir déposé, sous la forme de limon grossier, les matières qu'elles entraînent, elles finissent par mêler l'eau qui s'en sépare avec celle qui s'écoule, et perdent insensiblement dans des masses volumineuses et toujours en mouvement, ou par la fermentation intestine qui les dénature, les mauvaises qualités qu'elles avaient conservées. Obéissant à leur pesanteur, et se faisant jour dans un terrain qui leur livre passage, elles vont se précipiter dans des cavités naturelles, ou s'en préparent elles-mêmes dans les lieux où le sol spongieux se déplace pour leur offrir une retraite; et si désormais elles trouvent un obstacle à leur infiltration ultérieure, elles s'y accumulent, et, en raison de la complication et de la multitude de leurs principes constituans, elles entretiennent plus ou moins long-temps des foyers de corruption, dont on doit redouter les déplorables effets.

Cet aperçu suffit pour faire reconnaître que nous devons nous occuper ici des eaux de puits, des eaux dormantes et des eaux insalubres.

CHAPITRE PREMIER.

Des Eaux de puits.

Placé dans le voisinage des montagnes et éloigné des rivières, n'ayant, sur un sol desséché et privé de sources, aucun autre liquide que celui des orages ou des pluies, rares quelquefois dans la position topographique qu'il occupe, pour étancher sa soif et satisfaire à ses autres besoins, l'homme a eu le bonheur, en fouillant la terre à une certaine profondeur, de trouver des sources qui traversaient le sol pour arriver à des situations moins élevées que celles où il a établi son domicile ; et, en les arrêtant momentanément dans leur course et leur fabriquant une retraite, il s'est créé des réservoirs dans lesquels il trouve du moins une féconde ressource ; et quelquefois aussi, sans des travaux bien considérables, il a rencontré sous sa main des sortes de puits naturels, où l'eau est plus ou moins accumulée.

L'eau des puits, suivant leur profondeur plus ou moins grande, offre des variétés importantes à déterminer, parce qu'elle peut différer sensiblement dans sa nature. A des profondeurs considérables, elle provient manifestement de sources vives; et la richesse de ces réservoirs, fabriqués de main d'hommes, consiste dans l'abondance avec laquelle elles affluent pour s'élever à une certaine hauteur, et se mettre au niveau d'un nouveau point de départ. Mais, tout en s'y trouvant retenues, les eaux finissent par se faire jour elles-mêmes à travers la maçonnerie qui les retient, et s'échappent, du moins en partie, pour obéir à leur pente naturelle. Leur déperdition se fait dans une proportion analogue à celle de leur afflux continuel; et, par le mouvement qui y a lieu, elles conservent dans cette station momentanée les qualités propres aux sources qui les ont fournies.

A des profondeurs moins considérables, et à celles surtout qui sont les plus voisines du sol, l'eau des puits n'offre pas toujours les mêmes caractères; elle n'est le plus souvent qu'un rassemblement des eaux du sol qu'elles ont abreuvé. Indépendamment des variations qu'elles éprouvent dans les quantités qui suivent toutes les intermittences des saisons sèches ou pluvieuses, comme elles ne sont que le produit de la filtration des terres, elles sont chargées de matières végétales et animales qu'elles ont pu dissoudre dans leur trajet, et sont susceptibles alors d'une sorte de fermentation qui favorise la naissance et le développement de plantes aquatiques ou autres, dont elles ont entraîné les germes avec elles : elles restent stationnaires dans les cavités qu'on leur a ménagées, et, par cela même, peuvent se corrompre ou se trouver hors d'état de rendre à l'homme les services qu'il espérait obtenir de leur emploi. Nous distinguerons des puits à eau vive courante, et des puits à eau stationnaire.

SECTION PREMIÈRE.

Des Eaux de puits vives et courantes.

Dans les puits alimentés par des sources dont l'afflux se renouvelle continuellement, parce qu'après s'être élevées à une certaine hauteur, elles s'échappent pour se porter dans une situation plus basse, on conçoit que les eaux doivent participer de la nature de celles de source, et être aussi chargées de sels de différente nature. Mais, en raison de la profondeur de ces puits et du chemin souterrain que ces eaux ont fait, elles peuvent retenir une plus grande quantité de sels surtout de ceux qui sont plus solubles, comme les hydrochlorates de chaux et de magnésie. C'est effectivement par-là que ces eaux sont moins avantageuses pour les premiers besoins de la vie ; elles peuvent d'ailleurs être impropres ou peu favorables à d'autres usages, tels que la cuisson des légumes, le lessivage du linge ; mais c'est particulièrement par leur grande crudité qu'elles deviennent moins salubres. Dans ces cavités profondes, l'eau se trouve à une basse température, et elles ont le défaut de n'être pas assez complétement saturées d'air : elles sont lourdes et fatiguent pendant la digestion. Dans les localités cependant où il n'existe que des puits, on est obligé d'en employer l'eau pour tous les usages. Il serait prudent de les exposer à l'air avant de s'en servir pour boisson. Lorsqu'on peut le faire (et ce moyen a été usité avec succès dans des établissemens qui, par leurs localités, n'ont à leur disposition que de l'eau de puits), en les élevant, au moyen de pompes et de machines, à la surface du sol, et les recueillant dans de vastes réservoirs qui présentent de grandes surfaces, exposés à un courant d'air rapide, et en les soumettant à une agitation fréquente, on leur restitue une grande partie de l'air qu'elles ont perdu par l'évaporation : d'ailleurs, il arrive qu'elles se dépouillent d'une partie des sels peu solubles qui se précipitent. On ne pourrait espérer de les priver des autres que par des travaux assez compliqués et souvent impraticables; mais, à moins qu'ils ne s'y rencontrent dans des proportions assez considérables pour sortir de la classe des eaux salubres, leur action sur l'économie animale, et les effets qu'elles produisent dans les usages économiques, sont assez bornés pour qu'on puisse se rassurer d'une part, et croire qu'elles influeront seulement d'une manière légère sur les résultats qu'on doit attendre de leur emploi. Mais nous ne saurions trop recommander de mettre les puits à l'abri de tout ce qui pourrait corrompre l'eau qu'ils renferment; et aussitôt qu'on se sera aperçu, par la saveur et l'odeur qu'elle a contractées, qu'elle pourrait être dangereuse, il conviendra de recourir au curage, opération qui, à la vérité, offre quelques dangers, par la nature des gaz dont l'eau est souvent chargée, et qu'elle laisse dégager par l'agitation. Il importera de s'assurer si ces gaz seroient délétères ou non, et, dans le premier cas, de recourir aux moyens chimiques propres à les neutraliser ou à en détruire la funeste influence.

SECTION II.

Des puits à Eau stagnante

Il n'est pas toujours nécessaire de fouiller profondément la terre pour se procurer de l'eau. Dans les localités où la couche de terre végétale repose sur des terres facilement perméables, et assises elles-mêmes sur un fond argileux, on est assuré, en creusant le sol à une petite profondeur, surtout dans une saison qui n'ait pas été précédée par une longue et grande sécheresse, de voir arriver de l'eau dans les cavités qu'on a pratiquées ; souvent même elle s'y réunit assez abondamment pour faire suspendre les fouilles et arrêter la construction. Mais il n'est pas prudent de l'arrêter de ce moment ; car bientôt on est détrompé ou par le desséchement qui survient après quelques instans de sécheresse, ou par la manière dont se comporte le liquide qui s'est amassé. La situation topographique seule aurait pu donner l'éveil sur la mauvaise qualité de l'eau obtenue. Si, comme nous l'avons dit, le sol est argileux à une certaine profondeur, si le voisinage plus élevé est formé de terres meubles et cultivées, les eaux d'origine très-pure, puisqu'elles proviennent des pluies, ne sont, pour ainsi dire, que des lessives chargées des matières solubles, végétales et animales, qu'elles ont recueillies dans les terres, et qui profitent de la première issue qui leur est offerte pour affluer et se réunir. Des terres presque desséchées à la surface se trouvent, à quelques pieds, gorgées d'humidité, livrent à l'eau tout ce qu'elles ont de soluble, et abandonnent à leur tour le liquide dans lequel elles ont subi cette espèce de macération prolongée. Aussi voit-on que ces sortes de puits qui suivent toutes les alternatives de la sécheresse et de l'humidité, qui se gonflent ou s'affaissent irrégulièrement, ne donnent le plus souvent qu'une eau louche, odorante et sapide; quelquefois aussi, après quelque temps de séjour, elles se couvrent à leur surface de végétations, tandis que, presque toujours, elles ont entraîné avec elles dans leur écoulement des terres délayées, qui remplissent le fond sur lequel elles reposent d'une vase plus ou moins épaisse, qui y appelle et y entretient la corruption.

Il suffira de ces données pour reconnaître que de telles eaux sont bien éloignées d'avoir les qualités nécessaires pour être potables; tout au plus peuvent-elles être employées à quelques usages économiques, et encore dans le seul cas où l'éloignement des sources et des rivières, et l'impossibilité de construire des puits de la première espèce, mettraient dans l'absolue nécessité d'en faire usage. Nous les considérerons donc comme appartenant à la classe de celles qui feront le sujet du chapitre suivant.

CHAPITRE II.

Des Eaux dormantes.

La plupart des eaux composées, et nous entendons par-là des eaux de pluie ou autres, qui, chargées de matières végétales et animales, sans être décidément corrompues, sont susceptibles d'une fermentation sourde, qui ne permet plus qu'on les emploie pour les usages ordinaires de la vie; toutes ces eaux, dis-je, si elles trouvaient au sol la pente nécessaire pour être mises en mouvement, finiraient par se débarrasser de toutes les matières étrangères, soit en les déposant dans leur course, soit par la fermentation qui aurait lieu, et qui, les réduisant à leurs élémens, les séparerait du liquide; car, à l'exception des sels fixes qu'elles pourraient conserver en dissolution, elles se rapprocheraient à la fin des eaux qui, sans être les plus salubres, sont cependant d'un usage journalier. Mais, retenues dans des espaces déterminés, et privées de tout écoulement, elles ne peuvent être employées comme boisson, si ce n'est dans les besoins les plus urgens : on doit donc s'attendre à de mauvais effets, quand on est forcé d'en faire usage. Peut-être les épizooties, qui si souvent désolent nos campagnes dans les pays plats et dépourvus de sources et de rivières, tiennent-elles à l'emploi qu'on est obligé d'en faire : telles sont les eaux de certaines mares peu favorablement placées, celles des puits de la seconde espèce, et ces amas d'eaux qui, après des pluies considérables, se trouvent réunies dans des enfoncemens où elles séjournent long-temps avant d'avoir imbibé le sol, ou d'avoir été enlevées par l'évaporation. Ce n'est pas, comme on le pense bien, par la nature et l'abondance des sels qu'elles contiennent, que ces eaux sont insalubres, ni par l'absence de l'air dont elles se trouvent complétement saturées; c'est par l'abondance des matières végétales et animales ou azotées qu'elles recèlent, et dont elles conserveront les élémens aussi long-temps que leur séjour sera prolongé. Sans doute il serait possible, par des moyens de dépuration, de clarification, d'en tirer un parti avantageux, même de les rendre potables; mais le plus souvent les procédés sont inapplicables, et par la nature des lieux, et par l'absence des matériaux dont on aurait besoin, et surtout par les frais considérables qu'ils occasionneraient. Il faut donc renoncer à l'espoir de rendre ce service important aux habitans de la campagne ; mais ces eaux peuvent du moins leur être utiles encore dans certains usages économiques, où celles qu'ils emploient se trouvent soumises à des modifications qui détruisent, pour ainsi dire, leur insalubrité, ou qui, en l'augmentant encore peut-être, n'en opèrent pas moins les résultats qu'ils cherchent à obtenir. Ainsi, dans les localités privées de toute autre ressource, les eaux des mares, les eaux des puits, même de la deuxième espèce, leur servent à brasser le cidre et les autres boissons fermentées : trop heureux quand une sécheresse prolongée ne leur a pas encore enlevé cette triste et déplorable ressource ! Ainsi, tant qu'on persistera à opérer par l'ancienne méthode le rouissage du lin et du chanvre, ces amas d'eau, dont les pluies ont formé des sortes de mares passagères, auront encore l'avantage de remplir l'objet qu'ils se proposent. Mais, on ne saurait trop le répéter, cette dernière opération ne doit être pratiquée que loin des habitations : la putréfaction, qui en est la suite nécessaire, ne pourrait manquer d'être très-funeste.

Si l'impérieuse nécessité pouvait obliger de faire autrement usage de telles eaux, leur analyse n'aurait rien d'utile; une plus ou moins grande quantité de matières salines, analogues à celles qu'on rencontre dans les eaux d'un usage habituel, une beaucoup plus grande proportion de matière végéto-animale ou azotée, des gaz momentanément retenus, un foyer constant de corruption, voilà tout ce qu'on pourrait apprendre. On ne peut donc que faire des vœux, et des vœux bien ardens, pour que la nature vienne au secours de ceux qui se trouvent dans l'impuissance d'employer un autre breuvage pour les bestiaux, s'ils ne sont pas réduits pour eux-mêmes à cette unique et dangereuse ressource.

CHAPITRE III.

Des Eaux insalubres.

Toutes les eaux dont il a été question précédemment peuvent avoir contracté des qualités qui ne permettent plus qu'on les emploie à tous les usages. Les circonstances propres à leur faire subir des altérations qui les rendraient préjudiciables à l'économie animale, soit comme boisson, soit comme auxiliaires pour certains usages économiques, peuvent être très-nombreuses, et il convient de signaler celles surtout qui obligent de faire le sacrifice absolu des eaux dont on ne peut attendre rien de bon, lorsqu'on a tout à craindre de leur emploi. Ainsi, les eaux de sources, de rivières et de puits, qui, par leur voisinage avec des fosses d'aisance, auraient contracté une odeur repoussante, ou qui, par des infiltrations évidentes, auraient acquis des propriétés funestes, doivent être entièrement abandonnées ; et quand bien même l'analyse ne parviendrait pas à y démontrer la présence des substances manifestement délétères, elles n'en porteraient pas moins avec elles un signe de réprobation, nous ne dirons pas pour servir de boisson habituelle, mais pour être employées à la préparation des alimens et aux usages économiques qui auraient quelque rapport avec les besoins de la vie. Nous en dirons autant de celles qui arriveraient pures dans des réservoirs précédemment infectés, et susceptibles de leur communiquer à la fin un mauvais goût et des propriétés nuisibles. La désinfection des localités alors deviendrait indispensablement nécessaire; et si elle était impraticable, les réservoirs, les puits, les citernes devraient être comblés, pour ne jamais servir par la suite. Ainsi, toute espèce d'eau imprégnée fortement d'une odeur animale, d'une saveur plus ou moins nauséabonde, ne peut, dans aucun cas, être mise en usage, si ce n'est dans quelques préparations utiles aux arts, après avoir acquis toutefois la preuve qu'elle ne réagit pas d'une manière défavorable sur les résultats qu'on recherche.

Ce que nous venons de dire a suffi sans doute pour faire connaître combien il importe aussi d'éloigner des habitations ces liquides infects et dégoûtans, résultats monstrueux de la réunion de toutes les eaux corrompues, des urines d'animaux, de liquides putréfiés, provenant d'opérations compliquées sur les substances animales, et qui se trouvent confondues dans des cloaques d'où s'échappent des émanations si dangereuses. Les avoir indiqués, c'est avoir fait pressentir combien il importe de surveiller ces sources toujours actives de corruption, de faciliter le plus possible leur écoulement et leur prompte dissémination. Dans les grandes villes, il serait très-avantageux d'avoir dans leur voisinage des chutes d'eau pour les délayer, et les entraîner promptement dans les égoûts qui sont destinés à les transporter aux rivières. S'ils peuvent devenir parfois une source de prospérité pour les cultivateurs, lorsqu'ils sont employés à faire ou à bonifier les fumiers comme engrais, qu'ils soient bien convaincus qu'en les laissant s'accumuler en trop grande quantité dans le voisinage des étables et auprès de leurs bestiaux, ils entretiennent le germe des maladies nombreuses qu'ils attribuent souvent à des causes éloignées, lorsqu'ils ne devraient s'en prendre qu'à leur incurie ou à leur funeste imprévoyance.

TROISIÈME PARTIE.

DES EAUX MÉDICINALES.

On a donné le nom d'eaux minérales à celles des eaux dont on fait usage dans les cas de maladie ; et comme le plus souvent ces eaux peuvent contenir une certaine quantité de substances minérales, on a cru devoir leur en conserver le nom. Mais nous pensons que la dénomination de *médicinales* leur convient beaucoup mieux, par l'usage auquel elles sont destinées, et en raison de ce qu'assez souvent la propriété médicamenteuse peut tenir à la présence de quelques substances auxquelles on ne peut raisonnablement appliquer le nom de minéraux proprement dits.

En admettant la dénomination que nous proposons, on éloignera de cette classe des corps déjà très-nombreuse celles des eaux destinées aux usages habituels de la vie, dont nous avons parlé précédemment, pour l'appliquer exclusivement à celles qui ont une action plus ou moins prononcée sur l'économie animale.

Il n'est pas de notre sujet de nous étendre sur les causes premières qui ont pu amener la formation de ces eaux, et d'entrer à ce sujet dans des considérations, soit géologiques, soit médicales. Les articles *Eaux minérales* des *Dictionnaires des Sciences médicales et des Sciences naturelles*, et du *Dictionnaire de médecine*, sont de nature à donner tous les éclaircissemens qu'on pourra desirer. Le but que nous nous proposons est de fournir les moyens d'en déterminer la nature, et d'évaluer la quantité des matériaux qui leur donnent les propriétés qui les distinguent. Mais avant de nous occuper de cet objet important qui fera le sujet de la cinquième partie de cet ouvrage, nous avons pensé qu'il convenait de faire connaître leur classification méthodique.

CHAPITRE PREMIER.

Classification des Eaux médicinales.

QUOIQU'IL soit plus que présumable que les eaux médicinales doivent leurs propriétés aux substances qui y prédominent, ou qui leur ont mérité une dénomination particulière, en les prenant telles que la nature nous les offre, on les trouve plus ou moins chargées d'autres principes qui entrent dans leur composition, et sur la nature et la quantité desquels il importe de prononcer.

Parmi les principes contenus dans les eaux médicinales, il en est qu'on peut facilement apprécier, parce que cette appréciation réside dans l'emploi d'instrumens exacts capables de les évaluer d'abord : telles sont les eaux chaudes, qui, considérées sous le point de vue de chaleur libre qu'elles manifestent, sont déterminées à l'instant même par le thermomètre. Mais elles peuvent, en outre, si l'on en excepte certains gaz qui ne sauraient subsister au milieu d'elles, à raison de leur température habituelle, contenir, comme les autres, des principes étrangers, que des expériences rendront sensibles après une suite de travaux plus ou moins délicats. Ainsi, le plus souvent, les eaux médicinales, indépendamment de celles qui sont chaudes, contiennent des substances salines et des matières organiques de nature particulière. Souvent elles renferment beaucoup de principes gazeux ou fixes, gazeux et fixes à la fois; ailleurs, elles n'en contiennent que très-peu, et cependant elles n'en ont pas moins d'influence sur l'économie animale.

Les eaux médicinales se divisent d'abord en deux grandes sections principales, en raison de la propriété physique qui, comme nous l'avons dit, peut être constatée tout de suite. On les distingue en eaux médicinales chaudes et froides.

Les eaux médicinales chaudes ont été nommées thermales, parce qu'elles étoient le plus souvent employées à l'usage des bains. Leur température comparative est très-variable, mais elle est généralement constante pour chacun. Quant à la cause qui la produit, elle est attribuée par les uns à la suite de la décomposition des pyrites, ou à d'autres corps qui, en décomposant l'eau elle-même, et en se combinant à ses principes, mettent à nu la chaleur qui constituait le liquide, la portion d'eau décomposée, et élève quelquefois très-haut sa température. Pour d'autres, elle est l'effet de l'électricité qui se manifeste dans certaines décompositions ou certains phénomènes naturels que nous pouvons seulement supposer.

Toutes les autres eaux médicinales portent le nom d'eaux froides, parce qu'effectivement leur température est plus ou moins éloignée de celle de l'atmosphère; et si, dans les eaux thermales, la température fait le plus souvent partie de leurs propriétés actives, on ne saurait douter que, dans la plupart des autres eaux, cette basse température, quand elle se trouve en rapport avec la propriété des matériaux qui la constituent, ne doive être aussi considérée comme contribuant aux vertus qu'on leur attribue. Nous laissons à juger en effet si, dans certaines eaux médicinales, comme les eaux ferrugineuses, par exemple, la propriété tonique ne se trouve pas singulièrement aidée, lorsque, prises intérieurement, et en assez grandes doses, à la source, elles se trouvent à une température de cinq à six degrés plus basse que celle de l'atmosphère. Quoi qu'il en soit, la cause de cette basse température paraît provenir exclusivement de leur séjour plus ou moins long-temps prolongé, avant de sourdre, dans des cavités profondes, où elles doivent se mettre en équilibre de température avec les matières qui les environnent.

Les eaux médicinales peuvent se diviser en sept classes.

PREMIÈRE CLASSE.

Eaux médicinales salines.

On comprend dans la classe des eaux médicinales salines toutes celles qui renferment ordinairement des sels, sans contenir sensiblement de gaz, et qui sont sans action sur les couleurs bleues végétales. Elles ne sont réellement médicinales que lorsqu'elles contiennent en assez grande quantité des substances particulières pour avoir sur nos organes une influence marquée. Ainsi, elles se trouvent, sous ce rapport, séparées de celles dont nous nous sommes occupés dans la première partie de cet ouvrage : seulement les procédés d'analyse qui seront indiqués pour celles-ci, traceront la marche à suivre pour l'analyse des autres. Les substances salines qui constituent les eaux comme médicales sont en certain nombre, et se trouveront indiquées par la suite.

DEUXIÈME CLASSE.

Eaux médicinales gazeuses non acides.

On renferme dans cette classe celles qui peuvent contenir une certaine quantité de gaz.

Les gaz qui communiquent à l'eau des propriétés médicinales sont :

Le gaz azote,

Le gaz oxygène seul,

Le gaz oxygène uni à l'azote.

(*Nota.* On conçoit qu'il est question de ces gaz dans une proportion autre que celle de l'air atmosphérique ; autrement ces sortes d'eaux ne seraient plus que des eaux éminemment potables, comme nous l'avons déjà fait remarquer.)

Le gaz hydrogène soupçonné, mais non encore démontré dans les eaux.

TROISIÈME CLASSE.

Eaux médicinales acides.

Cette classe se subdivise en deux sections : l'une renferme les eaux acides proprement dites ; l'autre comprend les eaux acidules.

SECTION PREMIÈRE.

Eaux acides.

On donne ce nom à celles des eaux médicinales qui contiennent des acides peu volatils. On comprend dans cette section :

1°. Celles qui contiennent de l'acide borique;

2°. Celles qui contiennent de l'acide sulfureux;

3°. Celles où l'on démontre la présence de l'acide sulfurique; 2° de l'acide nitrique; 3° de l'acide hydrochlorique (1).

SECTION II.

Eaux acidules.

On ne comprend dans cette section que celles qui contiennent de l'acide carbonique, qui leur donne une saveur aigrelette, la propriété de mousser fortement; propriété qu'elles perdent promptement par l'action de la chaleur et l'exposition à l'air.

QUATRIÈME CLASSE.

Eaux médicinales alcalines.

C'est le plus ordinairement la soude et le

(1) On assure avoir trouvé depuis quelque tems en Amérique des eaux minéralisées par les acides sulfurique et hydrochlorique.

carbonate de cette base, ou celui d'ammoniaque qui constituent les eaux alcalines. On n'en n'a pas encore rencontré qui continssent de la magnésie pure, de la potasse et de la chaux; du moins l'existence de cette dernière a été contestée et rejetée.

CINQUIÈME CLASSE.

Eaux médicinales ferrugineuses ou martiales.

Cette classe se divise en deux sections, dont l'une renferme les eaux ferrugineuses gazeuses, et l'autre les eaux ferrugineuses non gazeuses.

SECTION PREMIÈRE.

Les eaux ferrugineuses gazeuses sont celles dans lesquelles le fer se trouve à l'état de protoxide dissous par un excès d'acide carbonique; elles déposent des flocons rougeâtres par leur exposition à l'air ou par l'action de la chaleur.

SECTION II.

Les eaux ferrugineuses non gazeuses renferment le fer :

1°. A l'état de sulfate ordinairement un peu acide;

2°. Quelquefois à l'état de fer sulfaté et carbonaté.

SIXIÈME CLASSE.

Eaux hydrosulfureuses, hydrosulfatées ou hépatiques.

Cette classe se divise en trois sections.

SECTION PREMIÈRE.

Eaux contenant seulement de l'hydrogène sulfuré libre.

SECTION II.

Eaux contenant des hydrosulfates seuls, ou unis à l'hydrogène sulfuré libre.

SECTION III.

Eaux contenant des hydrosulfates sulfurés et de l'hyrogène sulfuré libre.

SEPTIÈME CLASSE.

Eaux médicinales hydriodatées.

Nous aurions peut-être dû confondre les eaux hydriodatées dans les classes précédentes; mais comme il est reconnu aujourd'hui que plusieurs fois les hydriodates se sont retrouvés dans les eaux médicinales, et qu'elles peuvent, à raison de ce genre de sels, former des eaux de propriétés particulières, nous pensons qu'il est convenable de les isoler dans une classe particulière.

Dans une grande partie des eaux médicinales qui viennent d'être indiquées, on rencontre, mais comme accessoires, et ne pouvant constituer à part des classes isolées, de la silice, et une matière extractive souvent azotée, et dite végéto-animale.

CHAPITRE II.

Des diverses substances qui entrent dans la composition des Eaux médicinales.

Si les eaux médicinales ne contenaient chacune que les matériaux indiqués pour chacune des divisions classiques qui viennent d'être établies, leur analyse serait beaucoup plus facile, puisqu'elle se bornerait à reconnaître la nature de la base médicamenteuse, et à en apprécier la quantité. Mais le travail se complique en raison de leur nombre, parce que, comme nous l'avons dit, chacune d'elles, caractérisée par le principe médicamenteux prédominant, offre encore d'autres substances, qui, si elles n'ajoutent pas précisément à la propriété principale, s'y trouvent associées, et dont il importe aussi de déterminer la nature et la proportion.

En ne nous attachant qu'aux substances généralement reconnues dans les eaux, et d'après la classification établie, il résulte que, parmi les substances gazeuses, soit fixes, qui ont été reconnues dans les eaux jusqu'ici, on peut citer :

Parmi les gaz :

Le gaz oxygène,
Le gaze azote,
Le gaz hydrogène ; ?

Parmi les combustibles :

Le soufre libre ou combiné,
L'iode combiné ;

Parmi les acides :

L'acide carbonique,
— sulfureux,
— sulfurique,
— hydrochlorique,
— nitrique,
— hydrosulfurique,
— borique ;

Parmi les alcalis :

La soude ;

Parmi les sels :

Le carbonate de chaux,
— de magnésie,
— de fer,
— de manganèse,
— de soude,
— d'ammoniaque :

Les quatre premiers, toujours dissous par un excès d'acide carbonique,

Le borate de soude,

Les hydrosulfates de soude seul,

— de chaux seul,

— de magnésie seul,

Ces mêmes hydrosulfates unis à l'hydrogène sulfuré ou au soufre,

Les hyposulfites et sulfites provenant probablement de la décomposition des hydrosulfates;

Les hydrochlorates de soude,

— de chaux,

— de potasse, rare, mais indiqué par Thompson dans des sources de Suède,

— de magnésie,

— de baryte, annoncé par Bergmann,

d'ammoniaque,

— d'alumine, très-rare, indiqué par Withering;

Les nitrates de potasse,

— de chaux,

— de magnésie,

— de soude; ?

Les sulfates de soude,

— de chaux,

— de magnésie,

— d'ammoniaque,

Les sulfates d'alumine,
— de potasse et d'alumine,
— de cuivre,
— de fer,
— de manganèse;

Les fluates,
— de chaux,
— de baryte;

Les hydriodates,
— de soude,
— de potasse;

Les phosphores,
— de baryte,
— d'alumine,
— de fer;

Les métaux combinés à l'état salin :

Le fer,
Le cuivre,
Le manganèse;

Savoir :

A l'état de carbonate de fer;

— carbonate de manganèse probablement, car l'oxide de fer est ordinairement uni au manganèse;

L'hydrosulfate de fer (peut-être).

Nota. Il colorerait en vert les hydrosulfates, d'après M. Vauquelin.

L'hydrochlorate de fer (quoique n'ayant pas été indiqué);

L'hydrochlorate de manganèse, rare, mais trouvé par Bergmann, Lambe, etc.

Enfin, de la silice.

Des substances extractives végéto-animales.

D'après tout ce qui précède, on doit voir combien il serait difficile de reconnaître, et surtout d'isoler beaucoup de ces diverses substances, si elles existaient en grand nombre dans les eaux; heureusement elles n'en offrent bien souvent que quelques-unes à la fois, et même ordinairement les substances salines les plus variées sont:

Les hydrochlorates de soude,
— de chaux,
— de magnésie;
Les sous-carbonates de chaux,
— de soude,
— de magnésie;
Quelques: surcarbonates de fer,
— hydrosulfates de chaux,
— de magnésie;
Quelques hydriodates;
Plus, des substances gazeuses acides ou non.

De la silice,

Et des matières extractives;

ce sont presque toujours celles que l'on rencontre dans les eaux. Les autres, telles que les nitrates, borates, etc., sont très-rares.

QUATRIÈME PARTIE.

DES EAUX SALINES MÉTALLIQUES, OU AUTRES QUI PEUVENT MÉRITER D'ÊTRE EXPLOITÉES AU PROFIT DES ARTS.

De même que la nature a accumulé au sein de la terre des dépôts de matières plus ou moins précieuses par les services qu'elles peuvent rendre à l'homme, soit pour les besoins de la vie, soit pour ceux des arts, elle a quelquefois fait voyager les eaux à travers des matières solubles, qu'elles ont entraînées dans des proportions trop considérables pour être employées aux usages ordinaires de la vie ou aux secours de la médecine. Mais ces eaux peuvent être d'un grand secours dans les arts et contribuer à leur prospérité.

Dans la série des liquides dont il est ici question, s'il faut déterminer exactement la nature des matières utiles que l'eau peut tenir en dissolution, c'est plus particulièrement sur la quantité qu'il s'agit de prononcer, afin de savoir s'il convient d'entreprendre les travaux nécessaires pour les enlever. Et comme il pourrait arriver que les matières utiles fussent mêlées à d'autres qu'il conviendrait d'en séparer, il importe d'indiquer les moyens à employer, s'ils sont jugés praticables et non trop dispendieux.

Les eaux salines naturelles, qui ne sont ni médicinales ni potables, ne se trouvent pas en très-grand nombre; mais parmi celles qui nous sont connues, il s'en rencontre de la plus grande importance, par leur abondance ou par la quantité considérable de matières qu'elles tiennent en dissolution, et que réclament à la fois les besoins de la vie et des arts : telle est, en particulier, l'eau de la mer, et les eaux salines qui pourraient avoir une autre origine. On compte aussi quelques autres eaux salées moins importantes, et dont les sels, dans une proportion trop considérable pour qu'elles puissent être directement employées en médecine, ont besoin d'être évaporés pour rassembler les matières salines qu'elles contiennent, et les séparer les uns des autres, s'ils y existent en état de mélange : telles sont les eaux chargées de sulfate de soude et de magnésie qui ne sont pas reconnues médicinales. Mais dans les eaux de la mer comme dans les autres, il est très-essentiel de bien connaître la nature des différens sels qu'elles renferment, et d'employer les moyens les plus convenables pour en opérer la séparation.

Tantôt les sels étrangers à ceux qu'on veut recueillir sont de nature plus soluble ; et comme l'opération principale pour les obtenir est l'évaporation du liquide, on peut croire que, vers la fin du travail, le sel moins soluble se séparera le premier, tandis que l'eau-mère retiendra ceux qui sont déliquescens. Ailleurs quelquefois c'est le contraire : on prévoit qu'alors l'opération doit être faite de manière qu'on séparera d'abord ceux qui ne peuvent être d'aucun secours, pour ne s'attacher à obtenir que ceux qui sont réclamés par nos besoins.

Dans les eaux de la mer, l'hydrochlorate de soude se rencontre assez souvent mêlé à des sels déliquescens ; mais ces derniers s'y trouvent dans une proportion si peu considérable, qu'on ne s'occupe pas de les séparer. Alors on évapore l'eau salée, soit directement par l'action du feu, soit dans de vastes réservoirs sous le nom de marais salans, où l'évaporation se fait par le seul secours de l'air et de la chaleur atmosphérique. Mais dans les eaux salées contenant du sulfate de chaux, on ne pourrait adopter ce procédé. L'usage des bâtimens de graduation, où l'eau se trouve disséminée et présente beaucoup de surface à l'air qui opère la séparation presque complète de ce même sel, est un de ces moyens ingénieux qui rend un service très-important. L'opération se complique davantage lorsque les eaux salines contiennent des sels d'une solubilité à peu près égale, et que cependant on se trouve dans la nécessité, pour les besoins publics, de tirer parti des ressources que nous offre la nature, quelque coûteux que puissent être les procédés. C'est alors que, par des tentatives plus ou moins heureuses, on doit chercher à obtenir la pureté dans les résultats; qu'il faut parfois recourir à des synthèses, et à des analyses souvent très-compliquées. C'est dans ces circonstances surtout que les connaissances chimiques doivent venir au secours de ceux qui par état se trouvent appelés à éclairer la routine, et à donner aux procédés à suivre la marche la plus avantageuse. Les détails nombreux dans lesquels nous nous croyons obligés d'entrer dans la partie qui nous reste à traiter, donneront tous les éclaircissemens nécessaires, et d'autant plus facilement, que le plus souvent nous supposerons qu'on n'agit que sur de petites quantités, lorsque, dans les eaux riches en matériaux à exploiter, on a déjà un avantage bien prononcé pour la réussite des essais.

CINQUIÈME PARTIE.

DE L'ANALYSE DES EAUX.

D'APRÈS tout ce qui a été dit jusqu'ici, il est facile de voir combien doivent être nombreux et difficiles à appliquer les moyens d'analyser les diverses variétés d'eaux que nous avons fait connaître. Aussi l'analyse des eaux en général, et des eaux médicinales en particulier, laissera-t-elle long-temps encore quelque chose à desirer, malgré le perfectionnement des modes usités de nos jours, et la précision qu'on apporte aujourd'hui dans les recherches chimiques qui ont rapport à ces dernières. Quoi qu'il en soit, nous présenterons les moyens dont l'exécution nous semblera la plus simple et la plus propre à inspirer la confiance, et nous nous servirons à cet effet de beaucoup de ceux dont nous sommes redevables aux chimistes les plus habiles. Nous nous guiderons, en conséquence, sur les ouvrages de Berzélius, de Thompson, de MM. Thénard, Vauquelin, Chevreul d'Accum, etc., etc., etc.; et, pour que les moyens soient à la portée du plus grand nombre, nous ne chercherons dans les eaux médicinales, les plus compliquées de toutes, que les substances qui y ont été reconnues jusqu'ici, sans nous occuper de toutes celles qu'on pourrait y rencontrer.

On connaît deux modes d'analyse : l'un, adopté d'abord par les chimistes français, consiste à séparer les principes que fournit l'évaporation de l'eau; l'autre, plus indirect, s'occupe d'isoler dans les eaux les acides et les bases des substances salines; puis de les combiner ensuite par le calcul d'après les lois de la théorie. Cette méthode, due à Murray, n'est pas toujours exacte, en ce que la nature nous offre souvent des corps unis entre eux, que les lois de la chimie ne sauraient admettre, et que les expériences de nos laboratoires nous forcent de rejeter. Nous pensons donc que, dans l'analyse des eaux, on ne peut suivre exclusivement l'une ou l'autre méthode; mais il est très-bon de les employer toutes deux simultanément, soit comme contre-épreuve, soit pour arriver à bien connaître la proportion des principes unis que l'on ne saurait isoler ou séparer directement.

On distingue dans les eaux des propriétés facilement appréciables, qu'on désigne sous le nom de propriétés physiques ; et d'autres qui ne peuvent être bien déterminées que par l'analyse : on les nomme propriétés chimiques.

CHAPITRE PREMIER.

Des propriétés physiques des Eaux.

Avant de procéder à l'examen analytique des eaux, il est indispensable de prendre une idée de la position topographique où elles se trouvent, de la nature du terrain d'où elles s'échappent, de la direction dans laquelle elles s'écoulent, et de l'état de la végétation. On pense bien qu'en recherchant à cet égard des renseignemens positifs, on peut quelquefois prononcer déjà sur leur nature, et se trouver par cela même aidé pour la suite des travaux qu'on doit entreprendre.

Les propriétés physiques les plus importantes, et sur lesquelles il est indispensable de prononcer, sont :

L'odeur,
La couleur,
La transparence,
La saveur,
La température,
La densité.

De ces propriétés, les quatre premières sont faciles à déterminer par les sens, et il convient de spécifier très-exactement les remarques qu'on pourrait faire à cet égard.

La température est appréciée par l'usage du thermomètre centigrade qu'on plonge dans l'eau à la source même (si l'on opère sur les lieux; pour la plupart des eaux médicinales surtout, c'est sur les lieux qu'on doit procéder, du moins aux premières expériences), et qu'on y laisse assez long-temps pour être assuré que le point où s'arrête la liqueur thermométrique ne doit plus varier. On en tient note exactement, et on mentionne en même temps l'état du baromètre au moment de l'expérience, puisque la plus légère variation dans la pression atmosphérique peut en amener aussi dans l'état thermométrique des eaux. Il est bon de faire cet essai à différentes heures du jour, pour s'assurer si l'état thermal de l'eau est constant.

La densité des eaux est reconnue en les comparant à l'eau distillée bien purgée d'air.

On peut opérer à l'aide de divers instrumens, tels que la balance de Nicholson, le gravimètre de Guyton-Morveau; mais comme le plus souvent la différence est peu considérable, et que les instrumens d'ailleurs exigent une précision très-minutieuse, on peut de préférence employer le moyen suivant :

On prend un flacon bouché à l'émeri, et bien sec à l'intérieur comme à l'extérieur ; on le remplit entièrement d'eau distillée bouillie, et ramenée à la température de celle qu'on va lui comparer ; on pèse avec soin ; on vide le flacon, on le sèche de nouveau, et on le remplit aussi entièrement de l'eau à examiner. On en prend ici, comme précédemment, le poids très-exactement ; on divise ensuite ce dernier poids par celui de l'eau distillée, et le quotient donne la densité cherchée.

Soit a, le poids de l'eau à examiner ;

— b, celui de l'eau distillée ;

— x, la densité cherchée,

on a pour expression :

$$x = \frac{a}{b}$$

Supposons $a = 105$

$b = 100$ gr.

On aura :

$$x = \frac{105}{100} = 1{,}005$$

Mais l'expression technique de la pesanteur spécifique de l'eau distillée est 1.

Donc l'eau examinée est spécifiquement plus pesante que l'eau distillée de 5 millièmes.

Il faut surtout ne laisser aucune bulle d'air dans le flacon ; ce qu'on évitera facilement en remplissant le vase de manière à faire sortir une portion du liquide lors de l'introduction du bouchon.

Pour les eaux potables et celles destinées à la préparation des alimens, il faut s'assurer si elles entrent bien en ébullition, si elles cuisent bien les légumes, si elles ne caillebottent pas l'eau de savon, si elles éprouvent ou non, pendant l'opération, des changemens dans la couleur, la transparence, etc.

Enfin, le pharmacien appelé à faire l'analyse des eaux médicinales surtout, doit tenir note des plus petites particularités, soit dans la rapidité de l'écoulement plus ou moins prononcée à certaines époques, soit des mouvemens plus ou moins tumultueux, s'ils existent, que peuvent faire naître les phénomènes météorologiques, et de tout ce qui peut compléter les renseignemens qu'on pourrait exiger. Si même il avait pu s'en procurer assez pour en écrire l'histoire, il ajouterait à un travail toujours sec et aride par lui-même de quoi fixer l'attention et la curiosité.

CHAPITRE II.

Des propriétés chimiques des Eaux.

Comme on ne saurait détourner tout de suite les quantités des différentes substances qui peuvent se rencontrer dans les eaux, il faut d'abord s'assurer par quelque moyen de la présence de celles qui s'y trouvent, ou au moins avoir des indications sur les matières qui peuvent s'y rencontrer, et qui constituent leurs propriétés chimiques. Ce sont, pour ainsi dire, des tentatives par lesquelles on interroge en quelque sorte la nature, et les résultats qu'on obtient préparent la voie aux expériences à entreprendre par la suite. Ces premiers essais ont lieu au moyen d'agens chimiques, connus sous le nom de *réactifs*, et cet examen préliminaire porte le nom d'*Essai par les réactifs*. Nous donnerons donc ici, avec la nomenclature de ces réactifs, la connaissance des effets qu'ils sont susceptibles de produire.

Des réactifs et de leurs effets.

A la rigueur, presque tous les corps pourraient être regardés comme réactifs, puisque, dans les eaux, dont les variétés sont si nombreuses, il en est peu qui ne soient susceptibles d'offrir quelque phénomène plus ou moins caractéristique, par l'emploi d'un ou plusieurs corps étrangers. Mais on s'est borné à l'usage d'une certaine classe de préparations qui sont très-sensibles dans leurs effets, et qui deviennent, pour ainsi dire, autant de *pierres de touche*. Il convient de remarquer que ces réactifs doivent avoir été préparés avec le plus grand soin, et conservés dans le plus grand état de pureté.

Les réactifs les plus ordinaires sont et opèrent comme il suit :

Parmi les corps simples :

Le phosphore,

On l'emploie pour absorber l'oxygène.

Le chlore,

L'oxygène.

Le premier sert à apprécier le gaz hydrogène, en le transformant en acide hydrochlorique.

Le second, à convertir en eau ce même gaz hydrogène.

Le gaz hydrogène,

Il sert, au moyen de l'eudiomètre, à apprécier le gaz oxygène.

Le mercure métallique,

Il absorbe le soufre du gaz hydrogène sulfuré.

Le cuivre,

Le fer en limailles,

Ils servent l'un et l'autre dans l'essai des nitrates, comme il sera dit plus bas : le second sert à reconnaître la présence du cuivre.

Parmi les acides :

L'acide sulfurique,

Il indique la présence de la baryte.

L'acide nitrique,

Il démontre qu'un précipité barytique, insoluble par son emploi, est un sulfate.

L'acide hydrochlorique,

Il caillebotte la dissolution d'argent.

L'acide oxalique,

Il indique la chaux et les sels calcaires dissous.

L'acide acétique,

Il dissout le carbonate de chaux mêlé à d'autres sels calcaires insolubles.

L'acide tartrique,

En excès avec la potasse, il forme un sel peu salubre, cristallin : effet qui a quelquefois lieu avec la soude.

L'acide arsénieux,

Il indique, à l'aide d'un autre acide, la présence des hydrosulfates.

Parmi les alcalis :

L'eau de chaux,

Elle indique le gaz acide carbonique qu'elle absorbe en formant avec lui un sel insoluble, si cet acide n'est pas en excès.

La potasse,

Elle absorbe l'acide carbonique libre.

La soude,

Elle produit le même effet.

L'ammoniaque,

Elle offre les mêmes phénomènes avec l'acide carbonique libre; elle précipite les sels cuivreux, et donne, lorsqu'elle est en excès, une dissolution complète de l'oxide d'un bleu céleste.

La baryte,

Elle indique surtout la présence de l'acide sulfurique.

Parmi les sels :

Le muriate de chaux desséché,

Il sert à dessécher les gaz.

Le sous-borate de soude,

Il forme avec la baryte des sels presque entièrement insolubles; il absorbe l'acide sulfureux gazeux, et sert de fondant pour reconnaître certains oxides.

Parmi les solutions salines :

Le nitrate de baryte,

Il indique les sulfates.

L'hydrochlorate de baryte,

Il produit les mêmes effets.

Le phosphate neutre de soude,

En ajoutant de l'ammoniaque ou du carbonate de cette base à la liqueur limpide, il indique la magnésie.

Le bi-carbonate de potasse,

Il peut séparer, imparfaitement à la vérité, la chaux et la magnésie à l'état de sels.

L'oxalate d'ammoniaque,

Il indique surtout les sels calcaires.

L'acétate de plomb,

Il décompose les hydrosulfates et l'acide hydrosulfurique.

L'acétate de cuivre,

Il produit les mêmes effets.

Le nitrate d'argent,

Il démontre la présence de l'acide hydrochlorique et des hydrochlorates.

Le ferrocyanate de potasse,

Il indique le fer dissous dans l'eau.

L'hydrosulfate de soude,

Le succinate de soude,

Ils décomposent les dissolutions de fer.

Le proto-sulfate de manganèse,

Il confirme la présence des hydrosulfates.

Le proto-sulfate de fer,

Il précipite en noir les hydrosulfates; en bleu noirâtre les liqueurs qui contiennent du tannin et l'acide gallique; il indique aussi la présence de l'air dissous dans les eaux.

Le sublimé corrosif,

Il annonce la présence du carbonate d'ammoniaque, avec lequel il forme un précipité blanc.

L'hydrochlorate de platine,

Il sert à distinguer les sels à base de soude des sels à base de potasse.

Parmi les solutions:

Salines composées,

Celle d'hydrochlorate de chaux avec l'ammoniaque;

Elle sert à absorber par la chaux l'acide carbonique.

Parmi les liqueurs alcooliques:

L'éther,

Il dissout les bitumes, le soufre.

L'alcool à 40° et à 36°,

Il dissout le soufre, le bitume, les sels déliquescens.

Papiers réactifs :

Ceux de mauve,
— de curcuma,
— de bois de Brésil ;

Ils indiquent les acides et les alcalis : le papier de mauve est rougi par les premiers, et verdi par les seconds.

Les papiers de Brésil et de curcuma indiquent les alcalis.

Teintures :

La teinture de tournesol,

Elle est rougie par les acides.

La teinture de violettes,
La teinture de choux rouges ;

Elles sont rougies par les acides, verdies par les alcalis.

Parmi les teintures alcooliques :

La teinture de noix de galle,

Elle indique les solutions ferrugineuses qu'elle précipite en noir.

Parmi les substances autres que celles désignées ci-dessus :

La noix de galle en poudre,

Elle indique le fer tenu en dissolution par un excès d'acide carbonique, en communiquant aux eaux une couleur lie-de-vin plus ou moins foncée, suivant la proportion plus ou moins considérable de fer dissous (1).

Nota. Le même effet a lieu en employant les excroissances fraîches qu'on trouve sur nos chênes, le gland, et même les feuilles de chêne; de sorte que si on en trouvait dans le voisinage d'une source, dont la saveur atramentaire ferait soupçonner le fer; et qu'on n'eût d'autre moyen à sa disposition que ces substances, on pourrait les employer avec succès.

L'amidon,

Il sert à constater la présence de l'iode.

L'eau de savon,

Elle indique la présence des sels à base de chaux, de magnésie, de baryte, si la liqueur se trouble et se caillebotte.

(1) Dans les eaux de forges, la nuance donnée par la noix de galle en poudre est différente dans la reinette, la royale et la cardinale.

CHAPITRE III.

Essais par les réactifs.

PARMI les substances que contiennent les eaux, il en est qui ne sont pas susceptibles d'être indiquées par les réactifs, et qui demandent déjà un commencement d'analyse pour qu'on puisse s'assurer de leur présence. Tels sont les gaz non acides. Nous ferons connaître dans le chapitre suivant les procédés qu'on peut employer pour les obtenir, et en évaluer la quantité. Celles qu'on peut chercher à reconnaître par les réactifs sont les acides, les sels, les bases des sels, les substances métalliques, et encore s'en trouve-t-il plusieurs dont on ne peut bien déterminer la présence que par des expériences plus compliquées, et déjà en quelque sorte analytiques.

PREMIÈRE PARTIE.

Des acides.

Généralement, les acides gazeux ou non se reconnaissent par les couleurs bleues végétales qu'ils rougissent ordinairement.

Quelques-uns, déjà reconnus comme tels par ce moyen, se trouvent distingués par d'autres réactifs, qui seront indiqués à part.

Ainsi, les teintures de tournesol, de violettes, de choux rouges; les papiers colorés de tournesol, de mauve, rougissent lorsqu'on les met en contact avec les eaux qui contiennent un acide libre. Mais comme ce premier essai ne peut indiquer que le genre, il faut avoir recours à d'autres pour prononcer sur la nature des espèces.

SECTION PREMIÈRE.

Acides gazeux.

Lorsqu'une eau soumise à l'essai fait virer au rouge la teinture de tournesol, ou quelques-uns des papiers réactifs, et qu'elle rappelle à sa couleur primitive le papier réactif de mauve ou de violettes, verdi par un alcali, on en soumet une quantité quelconque à l'ébullition, et lorsqu'après cette expérience elle a perdu cette propriété, on peut prononcer que l'acide était volatil, et alors il ne peut être que l'acide carbonique, l'acide sulfureux ou l'acide hydrosulfurique.

On pourrait observer, à la vérité, que beaucoup d'autres acides, tels que le nitrique, l'hydrochlorique, etc., sont volatils; mais ils le sont bien moins que ceux dont nous parlons; et nous n'annonçons ici seulement que des essais préliminaires propres à mettre déjà sur la voie dans les recherches ultérieures.

Acide carbonique.

On reconnaît l'acide carbonique déjà à la saveur aigrelette ou liquide, si cet acide s'y trouve en certaine quantité, et en ajoutant à l'eau soumise à l'examen, des dissolutions de chaux ou de baryte qui y occasionnent des précipités.

De ces précipités, celui de chaux se trouve redissous par un excès d'acide carbonique.

Généralement encore, les précipités obtenus par les réactifs dans les eaux chargées d'acide carbonique, sont solubles avec effervescence par les acides nitrique et hydrochlorique.

Acide sulfureux.

L'acide sulfureux communique à l'eau une odeur suffocante de soufre brûlé; on le distingue de l'acide carbonique, en ce qu'après avoir rougi la teinture de tournesol, il décolore la teinture de violettes.

Il précipite le nitrate neutre de baryte. Le précipité est soluble dans un excès d'acide nitrique; il redevient insoluble lorsqu'on ajoute du chlore, qui fait passer l'acide sulfureux à l'état d'acide sulfurique, et donne lieu à un sulfate de baryte.

Il est absorbé par le sous-borate de soude en cristaux.

Acide hydrosulfurique.

Cet acide rougit un peu le tournesol ; mais il noircit le papier imprégné d'acétate de plomb, et dégage une odeur d'œufs pourris très-reconnaissable.

Les acides sulfureux et nitreux le décomposent, et en précipitent le soufre.

SECTION II.

Acides moins volatils ou non volatils.

Lorsque l'eau conserve, après avoir été longtemps soumise à l'ébullition, la propriété de rougir les couleurs bleues végétales, on doit penser qu'elle contenait des acides, tels que l'acide borique, l'acide sulfurique, l'acide hydrochlorique, et peut-être nitrique, et ces deux derniers particulièrement, si la liqueur n'a pas été évaporée à siccité.

On ne connaît point de réactifs susceptibles d'indiquer tout de suite avec certitude ces sortes d'acides ; ce n'est que par des expériences préparatoires qu'on parvient à les reconnaître. Elles seront indiquées dans le chapitre suivant.

DEUXIÈME PARTIE.

Des sels.

Nous ne parlerons ici que de ceux des sels susceptibles d'être indiqués par les réactifs.

Les sulfates.

Ils sont reconnus par la dissolution de baryte ou d'un sel barytique; le précipité obtenu est insoluble dans l'acide nitrique; tandis que ceux des carbonates, phosphates et borates y sont solubles; celui des carbonates fait effervescence.

Les hydrochlorates.

On les reconnaît par l'emploi du nitrate d'argent, qui forme un précipité blanc caillebotté, insoluble dans l'acide nitrique, et soluble par l'ammoniaque.

Les phosphates.

Le même réactif donne un phosphate d'argent jaune, soluble dans un excès d'acide; la baryte forme des précipités floconneux blanchâtres, un peu solubles dans l'eau, mais solubles en entier dans un excès d'acide.

Les fluates.

Les fluates seraient difficilement indiqués par les réactifs, et ce n'est que par des opérations ultérieures qu'on parvient à en démontrer la présence.

Les borates.

Ils peuvent être indiqués par la baryte ; cependant il faut, pour acquérir la certitude de leur existence, recourir à d'autres expériences.

Les carbonates.

Ils sont précipités par l'eau de chaux, et font effervescence par l'addition d'un acide dans la liqueur où ils existent ; mais il est bon, dans ce cas, que cette liqueur soit très-concentrée, ou qu'on opère sur l'eau évaporée.

Les hydrosulfates simples.

Ils précipitent en noir par les sels de plomb, et ne noircissent pas sensiblement le mercure métallique et les métaux s'ils sont purs : ils précipitent en noir le proto-sulfate de fer ; en blanc-rosé sale le proto-sulfate de manganèse bien pur. Les acides en dégagent l'hydrogène sulfuré, sans en rien précipiter.

L'acide arsénieux y forme un précipité, lorsqu'on y verse en même temps un acide.

Nous ajouterons aussi que le sulfure d'arsenic étant plus ou moins soluble dans les hydrosulfates alcalins, il peut arriver que celui qu'occasionne l'hydrogène sulfuré soit peu apparent, si l'eau renferme de l'acide hydrosulfurique libre et combiné à la fois.

Les hydrosulfates sulfurés.

Ils offrent les mêmes caractères que ci-dessus; mais, de plus, par l'addition des acides, en même temps qu'ils dégagent de l'hydrogène sulfuré, ils précipitent du soufre.

Les hyposulfites et sulfites.

Ils décolorent tous deux le sirop de violettes. L'acide acétique, comme l'a prouvé M. Planche, versé dans ce sirop décoloré, lui restituesa teinte primitive.

Par les acides sulfurique et hydrochlorique, les premiers donnent de l'acide sulfureux et précipitent du soufre; les seconds dégagent seulement de l'acide sulfureux.

Ils donnent aussi, avec les sels d'argent, un précipité blanc qui noircit après quelques instans.

Les hydriodates.

Ils bleuissent l'amidon par l'intermède de l'acide sulfurique.

TROISIÈME PARTIE.

Des bases des sels.

Les bases des sels, et les alcalis particulièrement, ont pour propriété générale de verdir les teintures de mauve, de violettes. (Il importe de faire exception pour le carbonate de magnésie, et même celui de chaux, qui produisent quelquefois le même effet.) Elles brunissent le bois de curcuma, rougissent celui de Brésil. Il en est plusieurs qui ne sont pas susceptibles d'être indiquées par les réactifs.

La chaux.

On la reconnaît par le précipité que fait naître l'acide oxalique, le carbonate d'ammoniaque, l'oxalate d'ammoniaque, le phosphate neutre de soude, dans les diverses combinaisons où elle se trouve; et si elle est libre, par celui qu'occasionne une petite quantité d'acide carbonique, précipité qui seroit redissous par un excès de cet acide.

La magnésie.

La magnésie est seulement indiquée par l'addition de l'ammoniaque au moyen de laquelle elle se dépose en flocons blancs.

On la soupçonne encore dans une liqueur, lorsque le phosphate neutre de soude, avec un peu d'ammoniaque ou de carbonate de cette base, y occasionne un précipité. On verra dans le chapitre suivant le moyen de prononcer définitivement.

La baryte.

Elle donne avec l'acide sulfurique un précipité insoluble dans les acides.

La strontiane.

Elle est indiquée seulement par la potasse, qui occasionne un précipité dans la liqueur qui la contient; mais il faut recourir à d'autres expériences pour prononcer. L'acide sulfurique forme aussi avec elle un sulfate, mais qui est sensiblement soluble.

L'alumine.

Si on la soupçonne, elle est indiquée par le carbonate d'ammoniaque qui la précipite. Des expériences ultérieures complettent la démonstration.

La silice.

On ne peut pas l'indiquer par les réactifs: c'est pendant l'évaporation de la liqueur qu'elle peut se manifester, comme il sera dit plus bas.

L'ammoniaque.

Elle se trahit par l'odeur suffocante qui se dégage, si la liqueur n'est pas trop étendue, et par la fumée blanche qui se prononce à l'approche d'une barbe de plume imprégnée d'acide hydrochlorique ou d'acide nitrique ; elle est indiquée aussi par la couleur bleue qu'elle communique aux dissolutions de cuivre, quand elle se trouve en grand excès.

Potasse et soude.

Ces deux alcalis, lorsque la liqueur surtout est très-étendue, ne seraient pas bien indiqués par les réactifs. On verra dans le chapitre suivant le moyen de les reconnaître.

QUATRIÈME PARTIE.

Des métaux.

Les métaux que les eaux peuvent tenir en dissolution par le moyen des acides, sont :

Le fer,
Le cuivre,
Le manganèse.

Le fer.

A l'état d'oxide, il est ordinairement en flocons rouges insolubles.

Dissous dans les eaux au moyen d'un excès d'acide carbonique, on le reconnaît par la noix de galle en poudre, qui communique à la liqueur une couleur vineuse plus ou moins foncée.

Dissous par les autres acides, surtout si la liqueur n'est pas trop étendue, il précipite :

En bleu, par le ferro-cyanate de potasse ;

En noir, par la teinture de noix de galle ;

En noir, par l'hydrosulfate de soude ou de potasse ;

En rouge, par le succinate de soude ;

En blanc verdâtre, par la potasse, et le précipité exposé à l'air passe au rouge.

Le cuivre.

Dissous, il se reconnaît par une lame de fer décapée qui devient rouge ; il précipite :

En noir, par l'hydrogène sulfuré ;

En brun-marron, par le ferro-cyanate de potasse ;

En bleu-verdâtre, par l'ammoniaque. Un excès de cet alcali redissout le précipité, et la liqueur prend une couleur bleu-céleste.

Le manganèse.

Il précipite en blanc par la potasse, et en rose par l'hydrosulfate de soude ; mais on ne le détermine bien que par des expériences plus compliquées.

CINQUIÈME PARTIE.

Des autres substances qu'on peut rencontrer dans les eaux.

Le soufre,

Non combiné. Il est insoluble, et se trouve nécessairement précipité.

Les matières organiques,

Ne sont qu'à peine indiquées par les réactifs : cependant le chlore et l'infusion de noix de galle les précipitent en flocons blancs.

CHAPITRE IV.

Expériences confirmatives des essais préliminaires par les réactifs, et nécessaires pour celles des substances qu'on n'a pu bien découvrir par eux.

Nous nous occuperons de suite des substances examinées jusqu'ici; nous traiterons dans un chapitre particulier de l'examen des gaz.

§. Ier.

ACIDES.

Acide carbonique.

On confirme l'existence de l'acide carbonique :

1°. En recevant le gaz sous le mercure : il précipite l'eau de chaux, quand celle-ci est en excès, et l'eau de baryte : il rougit la teinture de tournesol, éteint les corps en ignition ; il est absorbé en totalité par la potasse et la soude.

2°. En le faisant passer à travers une solution de baryte, de strontiane, ou dans une dissolution de sous-acétate de plomb, il forme des précipités blancs, qui font tous effervescence avec les acides.

3°. En le faisant passer dans une solution mélangée de muriate de chaux et d'ammoniaque, on obtient au bout de quelque temps un précipité blanc de sous-carbonate de chaux. Souvent l'ébullition est nécessaire pour la formation du précipité.

Acide sulfureux.

On l'obtient aussi sous le mercure; il offre tous les caractères décrits. Son odeur le fait surtout reconnaître. Il décolore le sirop de violettes.

Si on soumet à la distillation de l'eau contenant de l'acide sulfureux, en neutralisant le produit de la distillation par la potasse, cette liqueur précipite le sulfate de cuivre dissous, en flocons jaunes, qui, par l'ébullition dans l'eau, prennent une couleur rouge.

Gaz acide sulfureux et acide carbonique mêlés.

On sépare le premier par le borax en cristaux qui l'absorbe, et laisse pur l'acide carbonique.

Acide hydrosulfurique.

On le reçoit sous le mercure; il noircit ce métal. On sait d'ailleurs qu'il précipite du soufre par les acides sulfureux et nitreux (1).

(1) On cite cependant l'eau d'Aix-la-Chapelle, qui con-

Acide hydrosulfurique mêlé d'acide carbonique.

On fait passer les deux gaz d'abord dans une solution d'acétate de plomb très-acide, et le gaz qui s'échappe de la liqueur, sans entrer en combinaison, est reçu dans l'eau de baryte ou dans une solution de muriate de chaux ammoniacal.

Pour faciliter la formation du sous-carbonate de chaux, on prescrit ici, comme précédemment, de faire bouillir la liqueur; mais il faut prolonger cette ébullition peu de temps, et à l'abri de l'air, s'il est possible, car il pourrait se former un peu de sous-carbonate étranger à la composition. Au reste, comme on le dira plus bas, ce moyen d'apprécier l'acide carbonique ne donne souvent que des résultats peu satisfaisans, et nous préférons recueillir ce gaz sous le mercure.

Acide borique.

On évapore la liqueur qu'on suppose le contenir; il cristallise en paillettes blanches par le

tient, d'après Manheim, beaucoup d'azote et de l'acide hydrosulfurique, et sur laquelle les acides sulfureux et nitreux n'agissent pas; ce qui avait fait croire que l'azote y était uni au soufre à l'état d'azote sulfuré: il paraît que ce gaz, étant en grande proportion, défend le deuxième de la décomposition qui devrait s'opérer.

refroidissement. Ces paillettes, lorsqu'on les fait fondre avec des oxides de cuivre, de manganèse, de fer, etc., donnent une masse vitreuse, dont la coloration varie suivant l'oxide employé. Ces mêmes paillettes, dissoutes dans l'alcool, lui communiquent la propriété de brûler avec une flamme verte. Elles fournissent encore des cristaux, lorsqu'on les sature par la soude en excès, et ces cristaux sont décomposés par l'acide sulfurique, qui en précipite l'acide en paillettes nacrées plus ou moins volumineuses.

Acide sulfurique.

Après avoir rapproché l'eau presque à siccité, on peut enlever cet acide à l'aide de l'alcool à 40°. Il donne alors naissance, à la vérité, à un peu d'acide hyposulfurique par l'évaporation de l'alcool, mais la proportion en est très-faible. Le résidu précipite par le nitrate de baryte acide, et charbonne les matières végétales.

Acide hydrochlorique.

Cet acide étant assez volatil, on peut distiller une certaine quantité de l'eau qui le contient, en s'assurant si le produit recueilli donne avec le nitrate acide d'argent un précipité blanc caillebotté de chlorure soluble dans l'ammoniaque, et insoluble dans l'acide nitrique.

Acide nitrique.

Si cet acide existait libre dans l'eau, et qu'il ne fût mêlé avec aucun autre, on pourrait distiller le liquide presque entièrement, et saturer le produit obtenu par la potasse pure. Le sel qui cristalliserait (l'acide supposé en proportion suffisante) se présenterait sous la forme d'aiguilles prismatiques, fusant sur les charbons ardens, et produisant avec le fer ou le cuivre, à l'aide de l'acide sulfurique, des vapeurs rutilantes d'acide nitreux.

§. II.

SELS.

Les sulfates, hydrochlorates et phosphates ont été suffisamment indiqués par les réactifs.

Fluates.

Ces sels, dont plusieurs ont été indiqués dans l'eau de Carlsbad par M. Berzélius (*Annales de Physique et de Chimie*, mars 1825), sont reconnus lorsqu'en les traitant par l'acide sulfurique, après les avoir obtenus à l'état solide par l'évaporation de l'eau, ils dégagent une vapeur qui corrode le verre exposé à cette vapeur.

NOTA. Ordinairement, l'acide phosphorique accompagne l'acide fluorique dans ses combinaisons.

Borates.

Les sels insolubles formés par la baryte sont dissous par un excès d'acide nitrique, et on peut isoler l'acide borique du borate formé au moyen de l'acide sulfurique à chaud; en laissant refroidir, l'acide cristallise en paillettes.

A l'aide de l'acide sulfurique versé dans la liqueur concentrée et chaude, on pourrait peut-être voir se précipiter aussi l'acide borique par le refroidissement.

Carbonates.

Ils ont été suffisamment indiqués par les réactifs; mais les caractères qui leur sont propres sont bien plus sensibles sur les résidus de l'eau évaporée.

Nitrates.

On ne les reconnaît bien que dans les résidus de l'évaporation de l'eau; ils fusent sur les charbons, et donnent, comme il a été dit précédemment, des vapeurs nitreuses quand on les triture avec de l'acide sulfurique et de la limaille de fer ou de cuivre.

Hyposulfites et sulfites.

On les retrouve surtout dans le produit de l'évaporation, et ils offrent aussi tous les caractères indiqués dans les essais par les réactifs.

Hydrosulfates.

Ils ont été suffisamment indiqués par les réactifs.

Hydriodates.

On peut ajouter aux effets produits par les réactifs les propriétés suivantes :

Décomposés par l'acide sulfurique et chauffés, ils donnent des vapeurs violettes.

Suivant M. Cantu, en mêlant ces sels avec une légère solution d'amidon, et y faisant passer un peu de chlore, l'iode se précipite à l'état de sous-iodure d'amidon bleu.

Il faut se garder de mettre un excès de chlore qui transformerait l'iode en acide chloro-iodique ; alors il n'y aurait aucune teinte bleue reconnaissable.

§. III.

BASES.

Chaux.

Elle est suffisamment indiquée par les réactifs.

Magnésie.

On complette sa démonstration en recueillant les flocons blancs obtenus par les réactifs, et les calcinant fortement après dessiccation; ils verdissent le sirop de violettes et ne se colorent pas. Dissous dans l'acide sulfurique, ils donnent par l'évaporation un sel amer qui cristallise très-bien en prismes à quatre ou six pans, très-soluble dans l'eau, et qui fait un précipité blanc par l'ammoniaque. Chauffée avec un peu d'oxide de cobalt, la masse prend une teinte rosée.

Dans l'essai par les réactifs, il faut remarquer que si l'eau contenait de l'acide carbonique libre en proportion assez notable, on pourrait, par l'ammoniaque employée avec le phosphate neutre de soude, faire un carbonate qui précipiterait les sels de chaux, et tromperait l'opérateur. Mais en filtrant la liqueur et faisant bouillir, le carbonate magnésien s'annoncera par un trouble sensible, qui augmente beaucoup par l'addition d'une certaine quantité de potasse et de soude; car le carbonate ammoniacal précipite à peine à froid cette espèce de sel. On peut aussi saturer par l'eau de chaux tout l'acide carbonique libre, filtrer et verser alors l'ammoniaque qui n'agira plus que sur les sels magnésiens.

Baryte.

Elle est suffisamment indiquée par les réactifs.

Strontiane.

Le précipité obtenu par la potasse, dissous dans les acides nitrique ou hydrochlorique, produit des sels ayant la propriété de donner à la flamme de l'alcool une couleur purpurine.

Alumine.

Le précipité obtenu par le carbonate d'ammoniaque donne, avec l'acide sulfurique et cet alcali, des cristaux d'alun octaédrique. Ce même précipité, combiné avec du sulfate acide de potasse, fournit aussi de l'alun.

Calcinée fortement, l'alumine devient insoluble dans les acides.

Chauffée et fondue avec l'oxide de cobalt, elle prend une teinte bleue.

Silice.

On l'obtient par l'évaporation de l'eau; elle se dépose souvent en flocons gélatineux; ces flocons calcinés sont insolubles dans les acides.

La silice est rude au toucher; lorsqu'on la

fond avec la potasse caustique, elle ne produit pas d'alun avec l'acide sulfurique, mais se précipite en gelée par la concentration ou par l'addition soignée des acides sulfurique et nitrique.

Soude.

Libre, on la reconnaît dans le produit de l'évaporation par sa solubilité dans l'alcool;

Par sa saveur urineuse et caustique.

Elle verdit fortement le sirop de violettes, attire l'acide carbonique, et s'effleurit à l'air; dissoute dans l'acide acétique, elle donne un acétate efflorescent peu soluble dans l'alcool à 40°.

A l'état de combinaison, elle forme un sel peu soluble par l'addition d'un excès d'acide tartrique, et colore en rouge l'hydrochlorate de platine, sans y former de précipité.

Potasse.

En absorbant l'acide carbonique, elle se résout en liqueur, donne, à l'état de combinaison avec un excès d'acide tartrique, un sel cristallin, et moins soluble que celui de soude.

Elle précipite en jaune l'hydrochlorate de platine; mais il ne faut pas que les liqueurs soient trop concentrées.

Ammoniaque.

Aux indications fournies par les réactifs, ajoutez ce qui suit:

Combinée aux acides, elle est reconnaissable par l'odeur que développent la potasse, la soude et la chaux. Si on distille après la décomposition du sel ammoniacal par un alcali, le produit distillé précipite en jaune l'hydrochlorate de platine, et donne, avec l'acide hydrochlorique, un sel volatil décomposable par la chaux, qui en dégage l'ammoniaque.

§. IV.

MÉTAUX.

Fer.

Cuivre.

Ils ont été suffisamment indiqués par les réactifs.

Manganèse.

Le précipité obtenu par la potasse, calciné avec elle, donne dans l'eau des teintes vertes, bleues, rouges (caméléon minéral). Combiné avec le fer, on l'en sépare par le succinate de soude ou d'ammoniaque à l'aide de l'ébullition. On filtre, et la liqueur contenant le succinate de manganèse est précipitée par un hydrosulfate en blanc rosé.

§. V.

AUTRES SUBSTANCES TROUVÉES DANS LES EAUX.

Soufre.

On le reconnaît à sa couleur et à son odeur. Lorsqu'on le brûle, il donne alors une flamme bleuâtre, se dissout à chaud dans l'alcool et les huiles volatiles.

Matières organiques.

Avant d'entrer dans le détail des expériences propres à apprécier la nature des substances organiques contenues dans les eaux, il paraît nécessaire de faire quelques remarques qui nous semblent très-importantes.

C'est le plus souvent vers la fin de l'analyse et à la suite de l'évaporation, qu'on s'occupe de rechercher et d'apprécier ces matières. Nous pensons qu'on devrait, dès les premiers momens, chercher à s'assurer de leur présence, si la chose était possible.

1°. Quelque lente que soit l'évaporation, quelque ménagée qu'ait été la température, la concentration du liquide a dû agir sur ces matières, et il est plus que probable qu'on ne les obtient pas après l'évaporation dans le même état où elles se trouvaient au sortir de la source. Il s'opère infailliblement quelque mouvement qui peut en modifier la nature.

2°. L'acte lui-même de l'évaporation peut amener dans l'eau quelques matières qui, flottant dans l'air, viennent se précipiter à sa surface, la colorent, lorsqu'elle vient à être concentrée, et la poussière des laboratoires a suffi souvent pour produire cet effet. Peut-être, dans quelques circonstances, conviendra-t-il d'évaporer en vases clos.

3°. Enfin, nous émettrons ici une opinion que nous soumettons aux lumières des savans.

Comme le plus souvent les matières organiques sont azotées, nous croyons qu'on devrait faire usage du microscope pour examiner attentivement les eaux avant toute espèce de travail analytique. L'emploi de cet instrument aura, nous le pensons, un très-grand avantage, parce que l'eau pourrait contenir des animaux infusoires qui expliqueraient déjà du moins l'*azotization* des matières (1). D'un autre côté,

(1) M. Gaillon, ingénieur à Dieppe, a découvert que les huîtres nommées huîtres vertes devaient cette couleur à

comme on opère dans ce cas sur une très-petite quantité de liquide placée sur l'objectif, dont l'eau s'évapore pendant l'expérience, on surprend quelquefois la cristallisation du peu de matière saline que cette guttule peut contenir; et, avec l'habitude de l'instrument, on peut acquérir déjà quelques premières données.

Presque toutes les eaux minérales contiennent des matières organiques, qui souvent sont glaireuses, et se déposent à la source ou dans les bouteilles : tantôt elles se trouvent en dissolution complète, et l'ébullition les en sépare comme par une sorte de coagulation ; tantôt elles sont brunâtres ou verdâtres, comme celles qu'a examinées M. Vauquelin, et qu'on a recueillies aux eaux de Vichy. Elles se putréfient plus ou moins promptement, et corrompent alors l'eau qui les renferme. Elles sont composées souvent de principes azotés : aussi donnent-elles de l'ammoniaque par leur décomposition au feu. Ces matières sont difficiles à isoler, car elles ne se forment pas partout constamment. On a vu quels réactifs pouvaient les indiquer. Les pré-

une foule d'animalcules flottant dans la liqueur salée qu'on trouve dans les huîtres de cette espèce; et il a adressé ses observations à ce sujet à l'Académie de Rouen, en donnant du moins un dessin au trait de ces animalcules.

cipités qu'ils fournissent, recueillis, se charbonnent au feu. Souvent les acides hydrochlorique et acétique les précipitent en flocons quand on les a fait dissoudre dans la potasse, qui les brunit ordinairement. On peut les obtenir alors et les décomposer par la chaleur, dans des tubes, pour s'assurer si elles sont azotées ou non. Lorsqu'elles sont azotées, les produits fétides et l'ammoniaque qu'en dégage la potasse peuvent les faire reconnaître facilement.

CHAPITRE V.

Procédés d'analyse pour les gaz non acides.

Nous avons fait observer que nous n'avions pas jusqu'ici de réactif propre à indiquer à l'instant la présence d'un ou de plusieurs gaz dans l'eau, et que l'analyse seule du liquide, ou des expériences autres que celles des essais, pouvaient éclairer à ce sujet. C'est ici le moment de s'occuper de cette partie assez importante.

Les gaz contenus dans les eaux sont ordinairement l'air atmosphérique, l'oxygène, l'azote, rarement isolés, mais le plus souvent mêlés.

On pourrait y trouver aussi de l'hydrogène.

1°. Pour s'assurer si une eau minérale renferme un ou plusieurs gaz simples ou composés, on chauffe une quantité connue de cette eau dans un petit ballon muni d'un tube recourbé plongeant sous le mercure. Le ballon et le tube ayant été entièrement remplis d'eau, on chauffe graduellement, et l'on obtient un mélange d'eau et de gaz. On laisse ce mélange en repos pendant quelque temps, pour que la quantité d'eau qui se trouve sous la cloche puisse redissoudre autant que possible la proportion des gaz qu'elle contenait primitivement. Alors on en défalque le poids de l'eau employée d'abord, et l'on n'est censé agir que sur la différence.

2°. Le résidu gazeux est traité par la potasse, et ainsi privé des acides carbonique, sulfureux, hydro-sulfurique, que l'eau n'aurait pas dissous.

3° Pour essayer la nature du gaz restant après l'absorption de la potasse, on en mesure un certain volume, et on y introduit un peu de phosphore. (On peut agir à la température ordinaire, ou à l'aide d'une douce chaleur.) Lorsque ce corps cesse d'absorber quelque portion de gaz, on fait passer le résidu dans un instrument gradué, et l'on voit la diminution de volume qui a lieu : le gaz absorbé était de l'oxygène. L'azote peut dissoudre à la vérité un peu de phosphore; mais la quantité en est trop petite pour apporter des erreurs sensibles dans les résultats.

4° Le résidu nouveau est ou de l'azote ou de l'hydrogène : s'il éteint les corps en ignition, c'est le premier gaz; s'il l'enflamme, au contraire, c'est le second. Un mélange des deux est plus difficile à déterminer; on peut employer les deux moyens suivans :

1° A l'aide du chlore, on transforme l'hydrogène en acide hydrochlorique, qu'on absorbe par la potasse, ainsi que le chlore excédant : le résidu est de l'azote.

2° On fait détonner dans un eudiomètre à mercure le mélange des deux gaz, en proportion connue avec un volume aussi déterminé d'oxygène ; l'absorption résultante de l'eau formée indiquera l'hydrogène, et le résidu pourra être considéré comme de l'azote.

CHAPITRE VI.

Appréciation des quantités des diverses substances reconnues jusqu'ici dans les eaux.

Il ne suffit pas d'avoir reconnu par les réactifs, ou les expériences à la suite, que les eaux contiennent des gaz, des acides gazeux ou fixes; avant de procéder à l'évaporation pour obtenir tout ce qu'elles contiennent en outre, il faut évaluer les diverses substances qui ont été signalées, afin qu'après les avoir séparées, on puisse procéder avec moins de difficulté à terminer l'analyse.

Nous nous occuperons spécialement ici de l'évaluation des gaz, des acides volatils ou fixes.

SECTION PREMIÈRE.

Évaluation des gaz non acides.

Quand on a essayé le résidu des gaz obtenus par la potasse, comme il a été dit dans le chapitre précédent, on note la pression barométrique et la température, afin de ramener ces gaz à 0,76, et à une température égale à zéro.

Voici le calcul que l'on suit pour cet effet, calcul qu'on devra appliquer à tous les mélanges ou produits gazeux, suivant qu'on opère au-dessus ou au-dessous de zéro.

On sait que, d'après la loi de Mariotte, les gaz occupent des volumes qui sont en raison inverse des pressions; c'est-à-dire, que plus les pressions sont grandes, plus les volumes seront petits : on doit alors établir des proportions inverses.

Supposons qu'on ait obtenu un volume de gaz égal à un litre huit centilitres 1,08 à 0,78 de pression, on établira la proportion suivante :

$$0{,}78 : 0{,}76 :: x : 1 \text{ lit. } 08 \text{ c.},$$

$$\text{d'où } x = \frac{1{,}08 \times 0{,}78}{0{,}76}$$

C'est-à-dire, la pression 0,78 est à la pression 0,76 comme x, volume cherché, est au volume trouvé 1 lit. 08 c.

On voit qu'ici la proportion est inverse, ainsi que le veut la loi ci-dessus annoncée, puisque le terme 1,08 devrait correspondre à la pression 0,78 :

$$\text{Alors, } x = \frac{0{,}78 \times 1 \text{ lit. } 08 \text{ c.}}{0{,}76} = 1 \text{ lit. } 108 \text{ mill.}$$

volume du gaz à la pression 0,76.

A une pression de 0,74, on dirait :

$$0{,}74 : 0{,}76 :: x : 1 \text{ lit. } 08 \text{ c.},$$

$$\text{ou } x = \frac{0{,}74 \times 1 \text{ lit. } 08 \text{ c.}}{0{,}76} = 1 \text{ lit. } 0515$$

Mais ce volume, comme on l'a observé, est à une température autre que celle de zéro; et comme les gaz et les vapeurs se dilatent également pour chaque degré de l'échelle thermométrique d'une même quantité qui est la 0,00375^{e} partie de leur volume, on est parti d'un point fixe zéro, et on doit ramener tous les volumes à ce degré, suivant qu'on opère soit au-dessus, soit au-dessous. Le volume du gaz à zéro s'obtiendra d'après la formule suivante :

Soit v, le volume cherché;

V, le volume trouvé.

$v =$ V divisé par $1 + 0{,}00375$ multiplié autant de fois qu'il y a de degrés de température à partir de zéro. Ainsi, soit :

Température, 8 degrés,

Volume du gaz, 2 litres 3 décilitres;

A cette température, on dira :

$$v = \frac{2 \text{ lit. } 3 \text{ d. ou V}}{1 + 0{,}00375 \times 8 \text{ ou } 0{,}03}$$

ce qui donne

2 litres 135 mill.

Si l'on avait, au contraire, opéré au-dessous de zéro, soit 2 lit. 3 d. à — 8 d., on n'aurait qu'un signe à changer, puisque la dilatation des gaz est la même pour tous les degrés de l'échelle, et l'on dirait :

$$v = \frac{\text{V ou 2 lit. 3 d.}}{1 - 0{,}00375 \times 8 \text{ ou } 0{,}03}$$

Après le calcul il y aurait :

$$v = \frac{\text{2 lit. 3 d.}}{0{,}97}$$

Ce qui donne

2 lit. 371 mill.

On doit encore considérer le gaz comme sec; et s'il est humide, il faut en déduire la quantité de vapeur d'eau qu'il contient à la température où l'on opère. Cette vapeur d'eau pourrait être absorbée aussi par un peu de chlorure de calcium fondu; mais quand on veut la calculer, on doit se rappeler une loi de physique qui établit que, dans les mélanges des vapeurs avec les gaz, les forces respectives élastiques de chacun ne se diminuent pas, mais s'ajoutent : on arrivera donc à connaître la quantité de gaz sec à la température où se fait l'opération, en calculant la pression que supporte ce gaz.

Supposons-la 0,76, c'est-à-dire faisant équilibre à celle de l'atmosphère, comme les tensions des vapeurs et des gaz s'ajoutent dans leurs mélanges, il est clair que la force élastique du gaz, représentée par 0,76, sera formée de la tension de la vapeur à la température où l'on opère, plus de celle du gaz à cette même température. Ainsi, en déduisant de 0,76 la force élastique ou tension de cette vapeur, il ne restera plus que celle du gaz sec.

Or, on sait d'après les Tables (*Elémens de Physique de Biot*, p. 237, tom. 1er) quelle est la tension de la vapeur pour chaque degré du thermomètre centigrade. Supposons donc la température à 8 d., et le volume du gaz 2 lit. 3 d. à 0,76 de pression.

La force de la vapeur à 8 d. est égale à 0,08375 ; il faudra donc la retrancher de 0,76, pression totale, et on aura

$$0{,}76 - 0{,}08375 = 0{,}67625$$

0,67625 sera la pression supportée par le volume 2 l. 3 d. supposé sec à 8 d. Or, pour connaître le volume réel du gaz, il faudra le rapporter d'abord à la pression ordinaire 0,76; ce qu'on obtiendra d'après la loi que les volumes sont en raison inverse des pressions, et l'on dira :

$$0{,}67625 : 0{,}76 :: x : 2 \text{ lit. } 3 \text{ d.}$$

$$\text{ou } x = \frac{0{,}067625 \times 2 \text{ lit. } 3 \text{ d.}}{0{,}76} = 2 \text{ lit. } 046 \text{ mill.}$$

volume du gaz sec à 8 d. et à 0,76.

Il ne s'agira plus, pour avoir ce volume à une température constante, que de la ramener à zéro; ce qui sera facile en rappelant la règle employée plus haut.

$$v = \frac{V}{1 + 8 \times 0{,}00375}$$

$$\text{ou } v = \frac{2{,}046}{1 + 0{,}03} \text{ ou } 1{,}03$$

Ce qui donne

$v =$ 1 lit. 986 mill., volume du gaz sec à zéro température, et à 0,76 pression.

Les volumes ainsi déterminés, pour savoir ce qu'ils représentent en poids, on cherche dans la table des pesanteurs spécifiques celle des gaz ou des vapeurs, et l'on voit à quel poids un litre, par exemple, de tel ou tel gaz correspond.

Supposons 1 lit. 986 mill. de gaz azote, on dira :

Si 1 lit. de ce gaz pèse 1 gr. 259, combien pesera 1 lit. 986 mill.

on aura :

1 lit. : 1 gr. 259 : : 1 lit. 986 mill. : x

Ce qui donne en poids :

Azote, 2,5003,

d'où,

1 lit. 986 mill. à zéro + 0,76 p. = 2 gr. 5003 en poids.

Les gaz contenus dans les eaux sont, comme nous l'avons vu, les gaz oxygène, azote et aussi hydrogène.

1° Le gaz oxygène se trouve évalué par l'absorption qui a eu lieu dans le mélange des gaz, au moyen du phosphore, comme il a été dit précédemment, puisque tout le gaz absorbé est de l'oxygène; on pourrait prendre aussi du sulfure de potassium.

2° Par la détonation dans l'eudiomètre à mercure, on évalue la proportion d'hydrogène, puisqu'on connaît la composition de l'eau : 1 volume oxygène, et 2 hydrogène. Le restant, s'il ne s'est pas formé d'acide nitrique, ce qui paraît probable, est du gaz azote.

On peut, quand on trouve de l'oxygène et de l'azote unis, voir dans quel rapport ils existent, et considérer alors le mélange comme formé d'air atmosphérique et d'oxygène ou d'azote en excès.

Cette évaluation est facile à déterminer; car on connaît la composition de l'air, qui est de 79 azote et 21 oxygène : alors on prend soit l'oxygène, soit l'azote, et l'on calcule ce qu'il faut de l'un des deux gaz pour former de l'air; le reste est de l'azote ou de l'oxygène en plus. Ainsi, prenons en poids un mélange de

Azote,... 4 lit. } à { zéro temp.
Oxygène, 2 lit. } à { 0,76 press.

L'air étant composé de

21 oxygène,
79 azote,

les 4 d'azote absorberont

Oxygène, 1 lit. 19;

on aura alors :

Air atmosphérique, 5 lit. 19,
Oxygène......... 0 81.

En supposant, au contraire, qu'on ait :

Oxygène, 1 lit.,
Azote ... 8 lit.,

1 oxygène absorbera :

Azote, 3 lit. 76;

on aura donc :

Air atmosphérique, 4,76,
Azote........... 4,24.

SECTION II.

Évaluation des acides gazeux.

---

§. Ier.

Acide carbonique.

Pour apprécier l'acide carbonique d'une quantité d'eau connue, il faut recueillir les carbonates de chaux, de plomb ou de baryte, formés par les opérations indiquées §. 1er, chap. IV, et, d'après leur composition, on trouve facilement le poids de l'acide carbonique.

Supposons qu'on ait obtenu 10 gr. de sous-carbonate de chaux, de sous-carbonate de plomb ou de carbonate de baryte, on aura les quantités suivantes d'acide carbonique en poids; savoir :

Sous-carbonate de chaux = acide, 4 gr. 361;
Carbonate de baryte = acide, . . . 3 24;
Sous-carbonate de plomb = acide, 8 355;

car ces divers sels sont composés comme il suit, savoir, pour 100 :

Sous-carbonate de chaux :

Acide carbonique...	43,61	acide, 43,61;
Chaux.............	56,39	

Sous-carbonate de plomb :

Plomb... 16,5 } acide, 83,5;
Acide... 83,5 }

Carbonate de baryte :

Baryte... 77,66 } acide, 22,34;
Acide ... 22,34 }

et l'on dira :

$$1^{o}.\ 100 : 43,61 :: 10 : x = \frac{43,61 \times 10}{100}$$

10 sous-carbonate de chaux = acide, 4,361;

$$2^{o}.\ 100 : 83,5 :: 10 : x = \frac{83,5 \times 10}{100}$$

10 sous-carbonate de plomb = acide, 8,355;

$$3^{o}.\ 100 : 22,4 :: 10 : x = \frac{22,4 \times 10}{100}$$

10 carbonate de baryte = acide, 2,24.

Le poids de l'acide carbonique étant connu, on arrive à connaître son volume, en agissant comme il a été mentionné sect. 1re, chap. VI, 1 gr. 9741 = 1 lit. d'acide carbonique; on dira donc :

$$1 \text{ gr. } 974 : 1 \text{ lit.} :: 4,361 : x$$

$$\text{d'où } x = \frac{1 \times 4,361}{1,9741} = 2 \text{ lit. } 20 \text{ mill.}$$

L'emploi indiqué de l'eau de baryte de la dissolution d'hydrochlorate calcaire et d'ammoniaque, fournit moins exactement l'acide carbonique que le sous-acétate de plomb, sur lequel la vapeur aqueuse n'a aucune action; mais nous devons observer ici (et cette remarque a été confirmée par plusieurs expériences à ce sujet) que le mode le plus fidèle pour obtenir toute la quantité d'acide carbonique qui se dégage d'un liquide, est de recevoir le gaz sous le mercure, après avoir chauffé long-temps l'appareil qui doit être muni de tubes de petite dimension. On note alors la température et la pression, puis on évalue le gaz humide suivant les règles avancées, c'est-à-dire, ou en le privant d'eau par un peu de chlorure de calcium, ou mieux en déduisant de la pression que supporte le gaz celle de la vapeur d'eau à la température où l'on opère. (*Voyez* chap. VI, section 1re.)

Au reste, quand on se sert du mélange d'hydrochlorate de chaux et d'ammoniaque, ou de l'eau de baryte pour déterminer la quantité de gaz acide carbonique, il faut avoir soin de terminer l'appareil par un tube plongeant sous le mercure, afin de recueillir le gaz qui s'échappe presque toujours. C'est une précaution qu'indique M. Chevreul. (*Dictionnaire des Sciences naturelles*, art. *Eaux minérales*, vol. 14.)

§. II.

Acide sulfureux.

On peut évaluer cet acide en poids, en le faisant passer dans une solution de nitrate de baryte ou d'hydrochlorate de la même base, ajoutant du chlore en excès, et recueillant le précipité. Le poids de sulfate de baryte donnera la quantité de soufre, et par suite celle de l'acide sulfureux, puisque l'on sait que 101 de soufre prennent en poids 100 d'oxygène pour former cet acide. Supposons qu'on ait :

Sulfate de baryte, 100,

d'où,

Acide sulfurique, 34,37,

d'où,

Soufre.......... 12,59,

or, 12,59 soufre demandent 12,45 pour former de l'acide sulfureux.

Il résulte donc :

Acide sulfureux, 25 gr. 04, représenté par sulfate de baryte, 100.

M. Chevreul propose d'évaluer tout l'acide sulfurique d'un poids connu d'eau à l'aide de l'hydrochlorate de baryte ; puis, dans une autre portion de même poids, de faire passer du chlore, et d'apprécier alors la quantité d'acide sulfurique comme ci-dessus. La différence entre le 1er et le 2e précipité donnera le sulfate provenant de la conversion du gaz sulfureux en acide sulfurique.

§. III.

Gaz acides carbonique et sulfureux mêlés.

Après avoir desséché les deux gaz sur du chlorure de calcium, afin d'éviter les calculs que nécessiterait la présence de la vapeur d'eau unie à ces gaz, quoique ces calculs soient faciles à obtenir au moyen des Tables de physique, comme on l'a vu dans la section 1re, chap. V; on notera leur volume à une pression déterminée 0,76, et à la température du jour, qu'on ramenera ensuite à zéro; puis, à l'aide du borax, ayant absorbé l'acide sulfureux, sans toucher au gaz carbonique, on verra, après l'absorption, le résidu, et l'on calculera le volume de chaque gaz, d'où l'on arrivera ensuite à leur poids.

Soit, par exemple, un mélange de 0,5 lit. de gaz à zéro temp. et 0,76 pression.

Après l'action du borax humecté à sa surface, il reste :

0 lit. 2 aussi à zéro température, et 0,76 pression.

Il y a donc eu o lit. 3 d'acide sulfureux enlevé; donc le mélange était composé de

o lit. 3 acide sulfureux,
o 2 acide carbonique, que la potasse peut ensuite absorber facilement.

§. IV.

Acide hydrosulfurique.

On fait passer ce gaz dans des dissolutions d'acétate neutre de plomb, de cuivre ou de nitrate d'argent à peine acide; le poids du sulfure obtenu donne la quantité de soufre, et par suite celle de l'acide hydrosulfurique.

Supposons le sulfure de plomb obtenu = 115,54, dans lequel le soufre se trouve dans la proportion de 15,54 (Thénard).

On sait que 100 soufre exigent 6,13 hydrogène pour former de l'acide hydrosulfurique; on aura donc:

$$100 : 6{,}13 :: 15{,}54 : x = 0 \text{ gr. } 952$$

Ainsi, l'acide hydrosulfurique se trouvant formé de

15 gr. 54 soufre,
o 952 hydrogène,

la proportion d'acide hydrosulfurique contenu dans l'eau à analyser, est donc de

16 gr. 592,

dont on aurait le volume d'après les tables, en disant :

$$(1) \quad 1{,}5475 : 1 \text{ lit.} :: 16{,}592 : x$$

Ainsi, volume de cet acide à $\left\{\begin{array}{l} 0 \\ 0{,}76 \end{array}\right.$

$= 1$ lit. 072 mill.

§. V.

Gaz acides hydrosulfurique et carbonique mêlés.

Le sulfure de plomb et le carbonate de chaux obtenus, comme il a été dit §. 1er, chap. IV, seront évalués d'après le mode et les calculs indiqués précédemment à l'article acide carbonique : cependant nous croyons qu'après avoir absorbé l'acide hydrosulfurique dans la dissolution de plomb ou de cuivre, au lieu de recevoir l'acide carbonique dans de l'eau de baryte ou dans du muriate de chaux mêlé d'ammoniaque, il sera plus avantageux de le faire arriver sous le mercure à l'aide d'un tube recourbé, et d'en déterminer alors la proportion à l'état gazeux, en le soumettant aux calculs indiqués plus haut, pour le priver de l'humidité, et le ramener à zéro, etc.

(1) 1 litre de ce gaz à zéro, pression ordinaire, pèse 1 gr. 5475. (Thénard.)

SECTION III.

Évaluation des acides moins ou non volatils.

---

§. Ier.

Acide borique.

On recueille exactement les paillettes obtenues, et on les pèse après les avoir fondues. Peut-être vaudrait-il mieux, après avoir précipité cet acide de la liqueur bien concentrée, le combiner à la soude, et le fondre, puis le calculer en borate alcalin; car cet acide est assez volatil, surtout à l'aide de la vapeur d'eau et d'alcool.

La composition du borate de soude est pour 100:

Acide, 40,82,
Soude, 59,18.

Ainsi, si l'on obtenait, d'après ce procédé, 10 gr. de borate alcalin, il représenterait 4,082 d'acide borique.

§. II.

Acide sulfurique.

Pour évaluer exactement cet acide, il faut précipiter par le nitrate de baryte acide tout l'acide sulfurique, soit libre, soit combiné dans l'eau minérale; le poids du sulfate de baryte donnera celui de l'acide cherché.

100 sulfate de baryte se composent comme il suit :

Acide sulfurique, 34,37,
Baryte......... 65,63,

d'où,

Acide sulfurique, 34,37.

Alors, à l'aide de l'alcool, on séparera dans le résidu de l'évaporation de l'eau minérale les sulfates de l'acide sulfurique libre; on appréciera de nouveau la quantité d'acide sulfurique de ces sulfates par les moyens ci-dessus; et en déduisant le poids de l'acide obtenu de celui trouvé plus haut, on aura pour différence la quantité d'acide libre.

Supposons qu'on ait:

Quantité totale, 100 sulfate de baryte, on aura acide libre et combiné 34,37; puis acide à l'état seulement de combinaison, représenté par sulfate barytique, 50, d'où acide 17,185; alors on aura:

$$34,37 - 17,185 = \text{acide libre}, 17,185.$$

Nous croyons convenable de rechercher en second lieu la portion d'acide combiné, plutôt que celle enlevée par l'alcool, parce que l'acide sulfurique, en agissant sur ce liquide, donne un peu d'acide hyposulfurique; ce qui pourrait induire en erreur.

§. III.

Acide hydrochlorique.

Pour en déterminer le poids, il faut, comme pour l'acide sulfurique, évaluer, à l'aide du chlorure obtenu chap. IV, tout l'acide hydrochlorique libre ou combiné, et évaluer ensuite de même celui qu'on a obtenu dans le produit de l'évaporation de l'eau à siccité; la différence entre la première et la seconde quantité donnera celle de l'hydrochlorique cherché.

S'il existait de l'hydrochlorate de magnésie, il serait, à la vérité, décomposé par la chaleur, et laisserait dégager son acide; mais, par la quantité de magnésie trouvée dans les hydrochlorates enlevés par l'alcool, on pourrait au moins connaître celle du sel magnésien, et savoir alors la proportion de l'acide hydrochlorique libre.

On sait la composition du chlorure d'argent, d'où la quantité de chlore, et par suite celle de l'acide hydrochlorique.

Soit :

Chlorure d'argent, 100,

il est formé de :

Chlore, 24,56,
Argent, 75,44;

d'où l'on a :

Acide hydrochlorique, 25,253;

car 24,256 chlore absorbent, pour être acidifiés,

Hydrogène, 0,693 (Thénard).

§. IV.

Acide nitrique.

Les cristaux obtenus chap. IV, desséchés et pesés, donnent le poids de l'acide nitrique; car soit :

Nitrate de potasse, 100,

ils sont formés de :

Acide nitrique, 53,45,
Potasse....... 46,55;

d'où l'on a :

Acide nitrique, 53,45 (1).

(1) Si l'on craignait la décomposition du nitrate, on pourrait le convertir en sulfate, et, par ce moyen, connaître la quantité de potasse, d'où le calcul donnerait celle de l'acide nitrique.

CHAPITRE VII.

Expériences analytiques des produits obtenus par l'évaporation à siccité.

Les essais par les réactifs, les expériences confirmatives, celles qui sont propres à constater la nature des gaz, leur évaluation, ainsi que celle des gaz acides et des acides fixes, ont déjà bien avancé l'analyse des eaux. Mais comme le travail qui précède n'a pu fournir encore les moyens de déterminer tous leurs principes constituans, il reste à séparer du liquide qui les tient en dissolution, et à obtenir la masse des sels ou des autres matières convenablement desséchées, à isoler les unes des autres autant qu'il est possible de le faire, ou du moins à en apprécier exactement les proportions, afin de prononcer sur la quantité totale des matériaux que les eaux peuvent contenir.

Ce travail, non moins long peut-être et non moins minutieux que ceux qui précèdent, porte le nom d'*Analyse par évaporation.*

L'évaporation s'opère sur une quantité d'eau

exactement déterminée; elle a lieu à une température peu élevée, de peur que quelques substances salines n'éprouvent un commencement de décomposition qui pourrait donner lieu à la volatilisation de quelques produits.

Elle doit être faite dans des vases inattaquables par l'eau ou par les matériaux qu'elle renferme.

On doit recouvrir le vase évaporatoire, à une certaine hauteur, d'une sorte de chapiteau, pour empêcher les corps étrangers de tomber dans le liquide.

Il est prudent encore de ne pas exposer l'appareil évaporatoire, de telle manière que la poussière des laboratoires ne vienne aussi se mêler à l'eau.

En un mot, il convient de prendre toutes les précautions possibles pour n'évaporer que l'eau, et conserver les substances qu'elle renferme dans leur état de pureté primitive.

Il serait aussi avantageux souvent d'évaporer une certaine quantité du liquide dans le vide, pour s'assurer si les sels qui restent après l'évaporation sont semblables à ceux que fournit la concentration à l'aide de la chaleur; et si l'on avait eu occasion de remarquer que la présence de l'air, comme on en verra des exemples, a pu influer sur la nature de certaines des substances dissoutes dans l'eau, et en modifier les propriétés, il serait très-important de le constater, afin de pouvoir apprécier cette influence, et établir les résultats conformément à ces données.

Pendant l'évaporation, il arrive assez fréquemment que les sels calcaires ou peu solubles s'attachent aux parois des vaisseaux évaporatoires à mesure que le liquide disparaît, et finissent par y adhérer fortement. Il convient de les délayer de temps à autre avec l'eau restante, et de déterminer ainsi leur précipitation dans le liquide.

Il est encore essentiel, comme il a été enjoint, de remarquer si, pendant l'évaporation, l'eau ne change pas de couleur, de transparence, si son odeur continue d'être la même, si des sels s'en précipitent, et tenir note de tous les phénomènes.

On doit en évaporer une quantité connue dans une cornue, munie d'un récipient à la suite, pour voir si, dans le produit de la distillation, il ne se trouverait pas quelque substance saline de nature volatile ou ammoniacale.

S'il arrivait que l'eau déposât, par l'évaporation, des flocons grisâtres de matières organiques, il faudrait les réunir avec soin, et chercher à s'assurer, par la calcination de ces dépôts, s'ils donnent ou non des produits ammoniacaux.

Enfin, l'eau peut déposer aussi des flocons d'oxide rouge de fer, que l'eau tenait primitivement en dissolution à l'état de carbonate, par un excès d'acide carbonique.

Lorsque l'eau a été complétement évaporée, le résidu doit être desséché, et, pour le succès et la précision des opérations ultérieures, il est nécessaire que ces résidus soient desséchés à une température constante et uniforme : on peut adopter celle de 110 à 120 degrés centigrades.

Les résidus desséchés, pour être analysés, sont soumis à l'action de divers menstrues qui, employés successivement, sont susceptibles aussi de dissoudre successivement quelques-uns ou plusieurs des matériaux dont ils se composent. Ces menstrues sont :

L'éther sulfurique,

L'alcool à 40° ou 36°,

L'eau distillée chaude ou froide.

L'éther ne dissout qu'un très-petit nombre de substances, telles que les matières analogues au bitume, le soufre quelquefois en petite quantité; mais il ne dissout aucun des sels contenus dans les eaux.

L'alcool à 40° ou 36° enlève un grand nombre

de matières salines ou autres dans les résidus de l'évaporation.

On peut citer principalement :

Quelques substances organiques,

Les matières bitumineuses,

Les acides sulfurique,

— hydrochlorique,

— borique,

Le soufre,

La soude libre,

La potasse libre,

Les nitrates,

Les hydrochlorates,

Les hyposulfites,

Quelques sulfites sans doute,

Les hydrosulfates, s'ils n'étaient pas décomposés par l'air et la chaleur,

Les hydriodates de soude,

— de potasse,

Le carbonate de soude, mais en très-petite quantité, si l'alcool est à 40° ou à 38°, et s'il agit à froid surtout.

On pense bien que toutes ces substances n'existent pas ensemble à la fois dans les eaux, car alors il serait impossible ou au moins très-difficile de les apprécier. Il n'y en a ordinairement que quelques-uns, et nous indiquerons les moyens de les isoler ou de les évaluer indirectement pour en connaître les proportions.

L'eau distillée est employée chaude ou froide après l'action de l'alcool qui a enlevé les substances indiquées ci-dessus.

Chaude, elle agira plus facilement, et il en faudra employer une moindre quantité.

Parmi les substances que l'eau enlève à la suite de l'alcool, nous citerons :

Les sulfates de soude,

— de magnésie,

— de manganèse,

— de fer,

— d'alumine,

— de chaux, surtout à l'aide de la chaleur;

Le carbonate de soude à froid,

Le borate de soude,

Le phosphate de soude, s'il se rencontrait dans les eaux;

Les fluates solubles;

Et enfin,

Quelques substances organiques.

Après l'action successive de l'alcool et de l'eau, il doit rester encore des matières insolubles; tels sont :

Le sous-carbonate de chaux,

— de magnésie,

Le sous-carbonate de fer,
— de manganèse,
Les peroxides de ces deux métaux,
Le sulfate de baryte,
— de strontiane,
— de chaux, s'il avait résisté;
La silice,
L'alumine.

Nota. Quelques substances insolubles par elles-mêmes deviennent solubles par leur mélange avec d'autres : c'est ce qui a lieu, par exemple, pour le fluate de chaux, que le bicarbonate de soude peut dissoudre (*Annales de chimie et de physique*, tome 28, page 260), de même pour le carbonate de magnésie, qui est soluble dans le carbonate de potasse, et sans doute de soude, etc.

SECTION PREMIÈRE.

De l'analyse des sels enlevés par l'alcool.

(*Nota*. Nous n'avons pas cru devoir faire une section particulière pour l'éther, vu le petit nombre de substances qu'il peut dissoudre.)

Pour apprécier chacun des sels, soit ceux qui sont enlevés par l'alcool, soit ceux qu'on sépare à l'aide de l'eau, on ne peut pas toujours en faire l'analyse directement, c'est-à-dire en les isolant et les pesant secs. Il faut bien souvent, quand la séparation directe est impossible, parce qu'il n'existe pas de dissolvant pour tel ou tel corps de préférence à tel autre, il faut, dis-je, appliquer le mode de Murray, qui consiste à déterminer les quantités de bases et d'acides contenus dans un poids donné de résidu, et à les combiner ensuite par le calcul théorique, pour en former des sels. Nous donnerons ici quelques exemples des calculs les plus ordinaires à employer :

PREMIER EXEMPLE.

Déterminer la base seule ou l'acide seul d'un sel.

Carbonate de chaux, 10 grammes.

1°. Base.

10 grammes carbonate de chaux représentent:

Chaux, 5,629.

Pour savoir combien ce carbonate représente de sulfate calcaire, on dira : puisque le sulfate de chaux est composé de :

Acide, 41,63,
Chaux, 58,47.

$$58{,}47 : 41{,}63 :: 5{,}639 : x$$

d'où $x = \dfrac{41{,}63 \times 5{,}639}{41{,}63} = 7{,}82$ d'acide sulfurique

pour le poids de la chaux des 10 gr. de carbonate;

ce qui fait :

Sulfate de chaux, 13,459,

représenté par ce carbonate. On en dirait autant pour tout autre sel.

2°. Acide.

La règle est ici la même; seulement on dira :

Soit sulfate de baryte, 50 gr.,
D'où acide......... 17,185,

puisque le sulfate de baryte est formé :

D'acide, 34,37,
Base... 65,63:

or, 17,185 d'acide sulfurique représentent :

Sulfate de chaux, 41,28;

car,

$$17{,}185 : x :: 41{,}63 : 58{,}47$$

$$= \frac{17{,}185 \times 58{,}47}{41{,}63} \text{ et chaux, } 24{,}15;$$

et alors on a :

Sulfate de chaux, 41,385.

En effet, $17{,}185 + 24{,}15 = 41{,}385$.

DEUXIÈME EXEMPLE.

Déterminer la base et l'acide d'un sel.

Sulfate de chaux.

Ce sel donne :

Sulfate de baryte, 50, pour l'acide sulfurique;

Carbonate de chaux, 50, pour la chaux.

Le sulfate de baryte se compose de :

Acide, 34,37,
Base, 65,63.

Le carbonate de chaux est formé de :

Acide, 43,61,
Base, 56,39.

On aura alors :

$$50 : x :: 100 : 34,37$$

d'où $x = \frac{34,37 \times 4,50}{100} = 17,185$ acide sulfur. cherché;

et

$$50 : x :: 100 : 56,39$$

d'où $x = \frac{56,39 \times 50}{100} = 28,195$ — chaux cherchée.

d'où,

Sulfate de chaux, 45,380.

TROISIÈME EXEMPLE.

Déterminer les deux bases de deux sels mêlés.

Carbonate de soude.

Carbonate de chaux.

Supposons qu'évalués en sulfates, on ait obtenu :

Sulfate de chaux, 10 gr.,
Sulfate de soude, 10,

on dira :

Sulfate de chaux représente :

Chaux, 4,153 ;

et sulfate de soude représente :

Soude, 4,382.

Or, puisque la composition des carbonates de chaux et de soude est, pour le premier :

Acide, 43,61,
Base, 56,39 ;

pour le second :

Acide, 39,83,
Base, 60,17,

on dira :

$$4{,}153 : x :: 56{,}36 : 43{,}60 ;$$

d'où $x = \frac{4{,}153 \times 43{,}61}{56{,}39}$ acide carbonique, 8,2 ;

et, par conséquent,

Carbonate de chaux, 7,363,

représenté par les 10 gr. de sulfate calcaire.

Même règle pour le sulfate de soude.

Nous n'avons cité ces exemples, qui, par la nature des sels, comme on le voit, sont étrangers à ceux que peut enlever l'alcool, que pour donner une première idée des calculs dont nous aurons occasion de faire si souvent l'application. Revenons au sujet principal de cette section.

Il arrive ordinairement que, dans le résidu

des sels enlevés par l'alcool, plusieurs substances sont également solubles, et ne peuvent être séparées qu'indirectement; il faut cependant les évaluer, et c'est à l'aide du mode dont nous venons de parler qu'on pourra y parvenir.

Nous supposerons, à cet effet, plusieurs mélanges, tels spécialement qu'ils se rencontrent dans les résidus, et nous procéderons pour chacun d'eux de la manière suivante :

PREMIER MÉLANGE.

Hydrochlorates de soude,
— de chaux,
— de magnésie,
Ou chlorures des métaux de ces trois oxides.

L'alcool, même à plusieurs degrés de densité, est insuffisant pour isoler chacun de ces sels. Voici le moyen d'appliquer ici la méthode de Murray.

Le poids total des trois chlorures séchés étant déterminé, on le divise en deux parties égales, et l'on cherche avec le nitrate d'argent la quantité de chlore (*voyez* chap. VI, sec. III) de cette moitié; ce qui amène à connaître ensuite celle de la masse entière.

On calcine long-temps et très-fortement l'autre portion du mélange, afin de décomposer le sel de magnésie; on traite ensuite par de l'alcool faible le résidu de cette calcination, pour ne pas attaquer la magnésie, dont on prend le poids, après l'avoir séchée à 120° cent.

Par le poids de cette base, on arrivera bientôt à connaître la quantité d'acide qu'elle sature.

Enfin, la liqueur alcoolique, évaporée et décomposée par de l'oxalate d'ammoniaque, donnera un sel calcaire (oxalate).

Cet oxalate contient pour 100,

Acide, 55,93,
Base, 47,07.

De l'oxalate on aura la chaux primitivement combinée à l'acide hydrochlorique, ou le calcium uni au chlore.

35,6 de chaux donnent calcium. 25,6;
45,256 d'acide hydrochlorique=chlore, 44,013.

Ce sont des calculs faciles à obtenir, d'après les exemples cités plus haut dans cette section.

Enfin, la soude du sel marin pourra être obtenue en convertissant le reste en sulfate, et calcinant fortement.

Ayant donc déterminé le poids de la magnésie, celui de la chaux, à l'aide de l'oxalate formé (oxalate qu'on peut aussi calciner fortement, et qui laisse de la chaux pure); puis celui de la soude par le sulfate; enfin, ayant évalué la quantité d'acide hydrochlorique de la masse entière, on pourra très-aisément savoir quelle était la proportion des hydrochlorates (1).

Ces sels sont composés :

Hydrochlorate de soude...	acide,	45,256.
	base,	39,09.
Chlorure de sodium.....	chlore....	46,01.
	sodium...	29,09.
Hydrochlorate de chaux...	acide,	45,256.
	base,	35,6.
Chlorure de calcium.....	chlore.....	44,01.
	calcium...	25,6.
Hydrochlorate de magnésie,	acide,	45,256.
	base,	25,84.
Chlorure de magnésie....	chlore.....	44,01.
	magnésie..	15,84.
Hydrochlorate de potasse..	acide,	45,256.
	base,	58,99.
Chlorure de potassium...	chlore.....	44,01.
	potassium.	48,99.

On pense qu'il serait plus facile encore de séparer un mélange d'hydrochlorate de soude et de chaux, d'hydrochlorate de soude et de magnésie, d'hydrochlorate de chaux et de magnésie :

(1) Nous pourrions donner ici un exemple détaillé; mais nous croyons qu'il suffit de renvoyer à ceux qui sont annoncés dans cette section.

Car, dans le premier cas,

Après avoir évalué la quantité d'acide par le nitrate d'argent, on chercherait celle de la chaux par le mode usité, ainsi que le poids de la soude.

Dans le second,

La calcination suffirait pour isoler la magnésie, et, par la calcination en vase clos de la liqueur alcoolique, on aurait le poids du chlorure de sodium.

Enfin, dans le troisième,

On calcinerait de même, et le poids de la base magnésienne donnerait la connaissance de son hydrochlorate.

La chaux à l'état de chlorure de calcium serait calcinée, fondue et pesée, ou bien on l'évaluerait en oxalate, en se conformant au procédé décrit précédemment.

DEUXIÈME MÉLANGE.

Nitrates de chaux,
— de magnésie,
— de soude,
— de potasse.

Il faut les transformer en sulfates, qu'on aura soin de calciner, séparer alors par de l'eau froide et quelques gouttes d'alcool le sulfate de chaux dont le poids bien sec donne celui de la chaux, et agir ensuite sur les deux sulfates de soude et de magnésie, en appréciant, d'une part, au moyen de la baryte, la quantité d'acide sulfurique; et de l'autre, par la potasse alcoolisée, le poids de la magnésie, que l'on calcinera et pesera promptement.

Connaissant la quantité de chaux, on arrive à celle du nitrate.

Puis celle de la magnésie, on détermine de même le poids du nitrate de cette base.

Enfin, du poids d'acide sulfurique qui saturait la soude ou la potasse, et la magnésie, le sulfate de cette dernière base étant déduit, on voit quelle est la proportion de cet acide qui représente la quantité de soude ou de potasse, et dès-lors celle de leurs nitrates :

Nitrate de chaux......	acide,	65,54.
	base,	34,46.
Nitrate de soude......	acide,	63,4.
	base,	35,6.
Nitrate de magnésie...	acide,	72,35.
	base,	27,65.
Nitrate de potasse.....	acide,	53,45.
	base,	46,55.

Tous les exemples de ces calculs se trouveront

aussi dans ceux qu'on a cités au commencement de cette section.

TROISIÈME MÉLANGE.

Nitrates de soude,
— de potasse.

Ce mélange ne pourrait être apprécié qu'imparfaitement.

Après une longue calcination avec un peu de charbon, on formerait, au moyen de l'acide acétique versé sur le résidu, deux acétates, dont l'un, celui de soude, est beaucoup moins soluble dans l'alcool à 40° que l'autre :

Acétate de soude......	acide,	62,12.
	base,	37,88.
Acétate de potasse.....	acide,	52,08.
	base,	47,92.

Voyez plus bas (*sixième mélange*, même chapitre), le mode indiqué par M. Berzélius : ce procédé peut s'appliquer ici très-bien.

Les mélanges de nitrates de chaux et de soude, de nitrates de chaux et de magnésie, seraient plus faciles par la formation de deux sulfates, dont l'un est très-soluble dans l'eau, ou encore par les quantités de bases évaluées à l'aide de modes indirects, soit enfin par la formation de carbonates, par exemple, comme précédemment.

QUATRIÈME MÉLANGE.

Nitrates et hydrochlorates.

Ces mélanges ne peuvent être aussi évalués qu'à l'aide de modes indirects. Pour y arriver, il suffit de se guider sur ce qui a été annoncé tout à l'heure; c'est-à-dire, qu'après avoir apprécié par les moyens connus les bases et l'acide hydrochlorique, on combinera ensuite, à l'aide du calcul, avec cet acide, les bases, d'après ce que des essais préliminaires auront pu indiquer sur la présence de tel ou tel sel dans l'eau : les quantités de ces bases amèneront à connaître toujours par le calcul le poids des nitrates.

Nous donnerons au surplus l'exemple suivant sur ce que nous avançons :

Nitrate de chaux.

Chlorure de calcium.

La saveur salée de ce dernier l'ayant fait distinguer, on précipite tout son acide par le nitrate d'argent; et, par l'oxalate d'ammoniaque, on arrive à obtenir la chaux.

Or, l'acide hydrochlorique, connu d'une part, donne l'hydrochlorate de soude; et de l'autre, la chaux conduit à connaître la proportion du nitrate.

Dans l'hypothèse où l'on supposerait la présence du nitrate de soude avec les deux sels annoncés, on ferait d'abord les deux essais précédens, puis on convertirait toute la soude du mélange en sulfate: par ce moyen, la quantité de cette base étant appréciée, on combinerait d'abord avec l'acide hydrochlorique celle que représente le chlorure d'argent; le reste fournirait le nitrate de soude.

Il en serait de même, dans le premier mélange, pour la chaux unie à l'acide hydrochlorique et à l'acide nitrique : le poids du premier acide, et celui de la chaux représentée par l'oxalate, indiqueraient facilement la quantité d'hydrochlorate calcaire.

Toutes ces opérations, au premier coup-d'œil, paraîtront peut-être compliquées; mais si l'on veut bien les examiner, on verra qu'elles n'exigent presque que des calculs avec lesquels l'habitude rend très-promptement familier, et qui sont tous fondés sur les trois premiers exemples de cette section, auxquels nous avons déjà souvent renvoyé les lecteurs.

Nous observerons que plusieurs mélanges artificiels, semblables à ceux que nous avons présentés, et faits dans des proportions connues, ont été analysés par les modes proposés, et nous ont offert les résultats les plus satisfaisans.

CINQUIÈME MÉLANGE.

Hydrochlorate de soude.
Hyposulfites de magnésie,
— de chaux.

Les hyposulfites et sulfites sont très-rares dans les eaux, mais ils existent quelquefois dans le résidu de la concentration, et doivent presque toujours provenir de la décomposition des hydrosulfates par l'action de l'air pendant l'évaporation. On pourrait, sans doute, après en avoir constaté la nature, les séparer indirectement, en les traitant par l'acide nitrique faible qui les ferait passer à l'état de sulfates, soit de chaux, de soude ou de magnésie, alors insolubles dans l'alcool à 36°, et facilement séparables des hydrochlorates; on évaluerait dans ces sulfates les bases, et la quantité d'acide donnée par la baryte amènerait à savoir, par le calcul, d'après la proportion du soufre, les quantités d'acides sulfureux ou hyposulfureux, et de là celle des sulfites ou des hyposulfites.

Pour procéder, dans le cas présent, on séparera aussi, à l'aide du nitrate acide d'argent, tout l'acide hydrochlorique; cet acide, donnant le poids du muriate de soude, la perte serait en hyposulfites de chaux et de magnésie. Or, en évaluant alors les quantités de bases, si la composition de ces derniers sels était connue, on déterminerait aisément la proportion de chacun d'eux.

Des hydrosulfates.

Si l'on agissait sur des hydrosulfates, soit de chaux, de soude ou de magnésie, les quantités de bases étant connues aussi, d'après le mode indiqué pour le mélange des nitrates, il faudrait évaluer l'hydrogène sulfuré; ce qui ne présente pas de difficulté en formant un sulfure de plomb ou de cuivre.

Or, on sait que les hydrosulfates sont ainsi formés :

Hydrosulfates neut. (Thénard.)	de chaux......	base,	35,6.
		acide,	42,486.
	de magnésie...	base,	25,84.
		acide,	42,486.
	de soude......	base,	39,09.
		acide,	42,486.
Sous-hydrosulfates (Thénard.)	de chaux......	base,	35,6.
		acide,	21,243.
	de magnésie...	base,	25,84.
		acide,	21,243.
	de soude......	base,	39,09.
		acide,	21,243.

Une fois qu'on aurait reconnu les quantités d'acide hydrosulfurique et les différentes bases existant dans le résidu analysé, on pourrait, par le calcul, savoir la quantité réelle de chaque hydrosulfate, dans l'hypothèse où on les aurait obtenus secs sans altération, ce qui n'est pas possible. Il est donc nécessaire, pour les apprécier, d'avoir recours à d'autres moyens dont nous allons parler.

Il est bien reconnu que c'est à la décomposition des hydrosulfates à l'air qu'est due leur conversion en hyposulfites. D'après ce principe incontestable, on détermine d'abord la nature des hyposulfites; et s'ils sont à base de chaux, de magnésie ou de soude, cela indiquera la nature des hydrosulfates que l'on veut apprécier: car cette évaluation ne peut être qu'indirecte, vu l'impossibilité, comme il a été dit, de les isoler sans les décomposer, à moins d'agir dans le vide, et encore faudrait-il qu'ils fussent seuls dans l'eau, et non mêlés avec l'acide carbonique.

Instruit alors de la nature des hyposulfites, et ayant bien constaté qu'ils n'existaient pas dans l'eau, et ne sont que le produit de la décomposition des hydrosulfates, on devra, par la méthode de Murray, évaluer toutes les bases contenues dans cette eau, pour faire les combinaisons avec les autres acides, d'après les expériences qui ont amené la connaissance des sels dissous (1). Alors on recherchera, comme il vient d'être dit, la quantité d'hydrogène sulfuré que contient un poids d'eau à analyser; par le moyen de l'acétate de plomb ou de cuivre, on parviendra à former des sulfures qui représenteront le soufre de l'acide hydrosulfurique combiné, et par suite la proportion de cet acide.

Poursuivons : les hydrosulfates peuvent être unis à un excès plus ou moins grand d'hydrogène sulfuré. Dans cette hypothèse, on a conseillé de mettre dans un poids déterminé d'eau une certaine quantité de mercure métallique, et de le laisser en contact quelque temps dans un vase bien rempli, pour n'absorber, au moyen de ce métal, que le soufre de l'hydrogène sulfuré libre, sans toucher à celui de l'acide hydrosulfurique combiné; mais ce mode ne réussit

(1) J'ai donné pour les reconnaître dans l'eau d'Enghien, au sortir de sa source, un moyen de s'assurer de l'absence des hyposulfites : c'est celui qui consiste à distiller jusqu'à siccité une certaine quantité d'eau minérale sous le mercure, et dans une atmosphère de gaz hydrogène ou d'azote, incapable d'agir sur les hydrosulfates; on essaie le résidu par les procédés déjà cités, et d'après la présence ou l'absence des hyposulfites, on est certain alors, ou que ces sels existaient d'abord dans l'eau, ou qu'ils ont été seulement la suite de l'action de l'air sur les hydrosulfates pendant l'évaporation.

qu'imparfaitement, malgré le temps et l'agitation fréquente du mélange. Nous pensons qu'il est plus avantageux de verser en léger excès, dans un poids connu d'eau, une solution bien pure de protosulfate de fer, encore mieux de protosulfate de manganèse (*voyez Journal de Pharmacie*, tome 19, page 286), et de chauffer graduellement pendant quelque temps. Par ce moyen, on peut dégager l'acide hydrosulfurique libre, qui sera reçu dans une solution acide de plomb, et évalué comme ci-dessus. Les sels de manganèse et de fer, lorsqu'ils sont protoxidés, ne précipitent que l'hydrogène sulfuré des hydrosulfates, et n'attaquent pas celui qui est libre (1). On aura donc, par ce moyen, la

(1) A la vérité, d'après les expériences de M. Vauquelin (*Journal de Pharmacie*, mars 1825), s'il existe dans l'eau des carbonates de chaux ou de magnésie, ils pourront décomposer le sulfate de fer pour donner naissance à une faible quantité de carbonate, sur laquelle agira l'hydrogène sulfuré libre; mais ce ne sera toujours qu'après quelques instans, et seulement d'abord en proportion assez faible qu'aura lieu la décomposition : aussi l'erreur pourra ne pas être très-grande, surtout si l'opération se fait promptement. Et d'ailleurs, l'emploi du protosulfate de manganèse, que nous avons déjà indiqué comme préférable, ne présente pas le même inconvénient, car ce sel n'est sensiblement décomposé par les carbonates acides de chaux ou de magnésie qu'après un assez long espace de temps : aussi l'action de l'hydrogène sulfuré libre étant alors nulle, ce gaz peut se dégager comme si le sel de manganèse était seul dans la liqueur.

quantité d'hydrogène sulfuré libre, que l'on retranchera de toute celle qu'on a trouvée ci-dessus un même poids d'eau. Or, d'après la nature des hyposulfites, on calculera les bases qui n'ont pas été saturées par les autres acides. Elles donnent, avec l'hydrogène sulfuré qui provient seulement des hydrosulfates, des combinaisons, soit à l'état neutre, soit à l'état de sous-sels, indiquées précédemment, et l'on arrive, par ce mode indirect, à la détermination des sels que l'on recherchait. Si l'hydrosulfate était sulfuré, on pourrait, en versant un acide dans l'eau, et chauffant, précipiter d'une part le soufre qu'on recueillerait, et dégager de l'autre l'hydrogène sulfuré qui serait apprécié aussi par le mode ordinaire, c'est-à-dire à l'aide de la formation d'un sulfure de plomb (1).

Voici, à l'appui de ce que nous avançons, quelques observations, et le précis de la moyenne

(1) Le sulfure de cuivre est moins préférable, en ce qu'il attire facilement l'humidité pour devenir sulfate. Faisons observer de plus qu'on prend un acétate acide de plomb pour ne pas avoir de mélange de carbonate, de sulfate, etc., avec le sulfure métallique.

Quant au sulfure d'argent, comme nous l'avons dit précédemment, il faut toujours le laver avec un excès d'ammoniaque, pour dissoudre les chlorures, sulfates, etc., qui auraient pu se former en même temps.

de plusieurs expériences qui seront peut-être utiles ici.

M. Pagenstecher, chimiste à Berne, dans le tome XI, deuxième cahier 1815, *des Archives de la Société des pharmaciens de l'Allemagne septentrionale*, blâme l'emploi des sels de fer et de manganèse protoxidés pour séparer l'hydrogène sulfuré libre de celui qui est combiné; il s'appuie d'expériences sur la décomposition du protosulfate de fer par le carbonate acide de chaux, tenu en dissolution avec les hydrosulfates, et propose un autre moyen pour isoler l'hydrogène sulfuré libre de celui de l'hydrosulfate. Ce moyen, comme nous avons cherché à le prouver, offre plusieurs causes d'erreurs, et nous pouvons les rappeler ici.

M. Pagenstecher conseille de prendre deux poids semblables de l'eau à analyser : dans l'un, il verse de l'acide sulfurique pour dégager tout l'hydrogène sulfuré contenu; dans l'autre, il n'ajoute rien ; il se contente de le chauffer, pour éliminer seulement l'acide hydrosulfurique libre, sans toucher à celui de l'hydrosulfate présumé. Ce gaz est évalué à l'aide de sulfure de plomb ou de cuivre, et la différence donne la quantité qui est combinée et celle qui ne l'est pas. Mais nous observerons que la présence presqu'ordinaire des carbonates et de l'acide carbonique libre dans les mélanges naturels, doit déjà amener des erreurs, puisque l'acide carbonique (et M. Pagenstecher l'observe lui-même) dégage par l'ébullition l'acide d'un hydrosulfate (*voyez Journal de chimie médicale*, tome 1er, page 260); et que, de plus, les hydrosulfates de chaux et de magnésie liquides perdent par la chaleur leur acide hydrosulfurique, en plus ou moins grande quantité, et quelquefois même en totalité: on voit donc encore ici une nouvelle preuve de l'infidélité du procédé proposé.

Passons maintenant aux expériences qui, nous le croyons, peuvent faire donner la préférence à celui que nous allons indiquer.

Le protosulfate de fer, mis en contact avec une dissolution de carbonate acide de chaux ou de magnésie, produit un précipité noir lorsqu'on ajoute de l'eau chargée d'acide hydrosulfurique pur; précipité qui, d'abord faible, se forme de plus en plus après un quart-d'heure ou une demi-heure. Mais si, au lieu de ce sel, on se sert du protosulfate de manganèse, on ne remarque un trouble sensible qu'après au moins une heure de contact; c'est donc par ce dernier sel, qui déjà nous avait paru le plus convenable, sans en bien connaître la cause, que nous conseillons de séparer l'hydrogène sulfuré libre de celui qui existe en combinaison.

Pour fournir les preuves de l'efficacité de ce procédé, nous citerons quelques expériences :

On a pris, 1° 100 grammes d'une dissolution d'hydrosulfate de chaux, ayant fourni par un de plomb :

Sulfure de ce métal.... 2,03, représentant
hydrogène sulfuré....... 0,297;
et chaux.............. 0,274, représentée
par oxalate........... 0,85;

2°. 100 grammes d'eau hydrosulfurée contetant d'après sulfure de plomb....... 1,7,
hydrogène sulfuré.............. 0,244.

Ces deux liquides mêlés ont été introduits dans un matras, d'une part, avec une solution de protosulfate de fer; et de l'autre, avec du protosulfate de manganèse; le tout, luté et chauffé convenablement, a laissé dégager : hydrogène sulfuré, 0,235, représenté par de nouveau sulfure de plomb, 1,685, obtenu en recevant ce gaz dans une solution de sel de plomb.

1°. Avec le sel de fer on a eu :

Hydrogène sulfuré..... 0,235, représenté
par sulfure de plomb..... 1,685;

2°. Avec le sel de manganèse on a eu :

Hydrogène sulfuré. . . . . . 0,24, représenté par sulfure de plomb. . . . . . 1,69.

Un mélange d'hydrosulfate neutre de potasse contenant pour 100 grammes :

Hydrogène sulfuré. . . . . . 0,52, représenté par sulfure de plomb. . . . . . . 3,6.

Et un mélange de 100 gr. de la même eau hydrosulfurée, traité comme celui de chaux, a présenté des résultats assez satisfaisans ; c'est-à-dire, que l'hydrogène sulfuré libre a été entièrement dégagé ; on en a obtenu un léger excès, représenté par sulfure de plomb, 1,85.

Il s'agissait donc de savoir maintenant si, en mettant avec les mélanges ci-dessus des quantités bien notables de carbonate de chaux en dissolution dans l'acide carbonique (la liqueur filtrée précipitait beaucoup de chaux par l'oxalate d'ammoniaque), les résultats ne seraient plus les mêmes. On a donc agi ainsi qu'il suit :

100 grammes d'hydrosulfate de chaux liquide ci-dessus ;

100 gr. d'eau hydrosulfurée, et une quantité assez considérable de carbonate acide de chaux bien dissous, ont été mêlés ensemble, et tout a été introduit dans un matras muni d'un tube plon-

geant dans une solution d'acétate acide de plomb; on versa dans le vase:

D'une part, du protosulfate de fer;

De l'autre, du protosulfate de manganèse;

Et l'on chauffa graduellement.

Le gaz hydrosulfurique dégagé fut de 0,17, représenté par sulfure de plomb 1,20, dans la première expérience avec le sel de fer; et de 0,24, fourni par sulfure de plomb 1,69, dans la seconde, avec le protosulfate de manganèse.

En prenant des mélanges de sous-hydrosulfate, d'hydrosulfate neutre de potasse avec l'eau hydrosulfurée, on obtint des effets analogues, c'est-à-dire, la séparation exacte ou très-approximativement exacte de l'hydrogène sulfuré libre. Tous les précipités formés dans le matras dégageaient beaucoup d'acide hydrosulfurique par l'action de l'acide sulfurique employé sur eux. Nous devons observer aussi que beaucoup d'hydrosulfates, tels que ceux de potasse, de soude à l'état neutre, n'ont pas donné de précipité par l'addition du sel de manganèse, et à peine en a-t-on obtenu par celui de fer; la

(1) Le sulfate de fer a donné des résultats très-variables, suivant la proportion de carbonate de chaux ajouté, ce qui n'étonnera pas, d'après ce qu'on a dit plus haut. Il réussit très-bien d'ailleurs pour les mélanges seuls d'hydrosulfate et d'acide hydrosulfurique.

chaleur semble le déterminer davantage, et de plus, les hydrosulfates de manganèse et de fer ont paru sensiblement solubles dans les hydrosulfates et dans l'acide hydrosulfurique.

D'après tout ce qui vient d'être dit, nous croyons que l'emploi du protosulfate de manganèse peut être plus convenable pour séparer l'hydrogène sulfuré libre, que les modes indiqués jusqu'ici, en supposant même la présence des carbonates et de l'acide carbonique dans les liqueurs soumises aux essais.

SIXIÈME MÉLANGE.

Potasse et soude combinées ou libres.

On ne rencontre que très-rarement la soude et la potasse libres dans les eaux minérales; et cela est d'autant plus heureux, qu'on ne connaît pas de procédé très-exact pour les séparer entièrement l'une de l'autre; voici cependant ceux qui ont été conseillés :

M. Chevreul indique de concentrer la liqueur où existent les deux alcalis, et d'y verser du muriate de platine; on laisse la liqueur quelques instans en contact, et l'on sépare le précipité de sel insoluble de platine et de potasse. Le liquide filtré contient celui de soude, qui est soluble.

Pour en obtenir la potasse et la soude, il décompose chacun d'eux séparément par l'hydrogène sulfuré, filtre les sulfures de platine, et calcine chaque hydrochlorate en particulier : le poids des chlorures de potassium et de sodium obtenu conduit à séparer ceux des deux alcalis cherchés, que, par le calcul, on combine ensuite aux acides sulfurique, hydrochlorique, carbonique, etc., suivant leur état de combinaison primitivement observé dans l'eau.

Ce procédé doit être très-dispendieux : cependant il semble assez convenable, et l'emporte de beaucoup sur ceux qui consistent à former de l'alun avec la potasse, et le sulfate d'alumine acide, ou à produire deux acétates, soit directement, soit indirectement, c'est-à-dire, en traitant les carbonates par l'acide acétique ou le résidu des sulfates calcinés avec le charbon, et filtrant, etc. Les deux acétates sont séparés par l'alcool à 40°, qui, dit-on, ne dissout point celui de soude : fait inexact, et amenant alors dans le procédé, ainsi que les opérations préliminaires, beaucoup d'incertitudes.

M. Berzélius indique (*Annales de chimie et de physique*, t. 28, p. 398) un moyen pour séparer la soude d'avec la potasse ; après en avoir fait deux muriates, il les décompose par l'hydrochlorate de platine, qui forme avec la potasse un sel double insoluble dans l'alcool à 40°, et qui, séché, représente pour 100 de ce sel, potasse 5,4049, ou 5,405.

La différence entre le poids des deux muriates, celui de potasse étant connu, amène à connaître la quantité de soude à l'aide du calcul.

Enfin, on trouve dans le douzième volume, page 41 *des Annales de chimie et de physique*, un moyen d'apprécier la potasse et la soude combinées à l'état de chlorure, de sodium et de potassium. Ce moyen est fondé sur l'abaissement très-différent de température que produit chaque chlorure dissous dans l'eau; il nécessite seulement d'opérer sur des quantités assez notables de sels bien pulvérisés, de faire l'observation le plus promptement possible dans des vases semblables, et avec des thermomètres à esprit de vin également semblables et très-sensibles.

Voici le mode proposé et les premiers principes à connaître :

50 grammes de chlorure de sodium dissous dans 200 grammes d'eau, abaissent son degré de température de 1,9 centigrammes.

50 grammes de chlorure de potassium, mis dans les mêmes circonstances, donnent un abaissement de 11,4.

Ayant donc un mélange d'un piods inconnu, on en prend, par exemple, 50 parties, et on les verse promptement dans 200 grammes d'eau dont on a déterminé d'avance la température par l'instrument. Soit 20° 4, et supposons qu'après le mélange le thermomètre ne marque plus que 12° 8, il y a donc eu 7,6 d'abaissement. Or, voici le calcul à établir :

La règle, pour calculer le chlorure de potassium, est :

$$\frac{100 \times d - 190}{9,5}$$

d, étant le degré de température de l'abaissement,

9,5 est la différence entre les abaissemens produits par chaque chlorure.

Et pour calculer le chlorure de sodium, la règle est :

$$\frac{100 \times d - 1140}{9,5}$$

on aurait, pour le mélange ci-dessus, dans 100 parties :

Chlorure de potassium, $\frac{100 \times 7,6 - 190}{9,5} = 60$.

La différence entre 100 et 60 donnerait le chlorure de sodium.

Et si l'on cherchait le chlorure de sodium

dans les mêmes circonstances, on trouverait pour 100 du mélange :

$$\frac{100 \times 7{,}6 - 1140}{9{,}5} = 40$$

Et, d'après les proportions des chlorures, on trouverait le sodium et le potassium; puis, à l'aide des calculs, on arriverait à la connaissance de la soude et de la potasse.

On sait combien 100 potassium absorbent d'oxygène......... 20,43,

100 de sodium... 34,37.

On dira donc :

Puisque 60 de chlorure contiennent 31,6 potassium, et que 40 chlorure renferment 15,9 de sodium, il en résulte :

Potasse, 37,84,
Soude, 21,35.

Ces quantités d'alcali étant déterminées, on arrivera toujours facilement, par les calculs, à la connaissance de ce qu'ils représentent, soit en sulfates, soit en hydrochlorates ou carbonates, etc., si primitivement ils se trouvaient dans l'eau sous ces différens états, et s'ils n'ont été transformés en chlorures que par suite des diverses décompositions.

Ce dernier procédé est susceptible d'une très-grande précision, et, comme on le voit, il est très-simple. Seulement on ne peut l'appliquer qu'à des quantités assez grandes de mélanges ; et c'est surtout pour les eaux-mères des salpétriers qu'il trouve son usage.

SEPTIÈME MÉLANGE,

Contenant un hydriodate à apprécier.

On parviendra à apprécier l'hydriodate, en opérant sa décomposition à l'aide d'un sel mercuriel deutoxidé (sublimé corrosif), ajouté avec soin et non en excès. Le poids du deutiodure de mercure donnera celui de l'iode, et par suite celui de l'acide hydriodique ou de l'hydriodate, qui sera ordinairement à base de soude. La soude et la potasse auraient pu être distinguées l'une de l'autre préalablement.

On aura :

565,6 deutiodure de mercure formé de :

Iode........ 312,44,
Mercure..... 253,16,

d'où,

Iode........ 312,44,
Hydrogène... 2,486,

d'où,

Acide hydriodique, 314,926.

Et en hydriodates :

De soude....	acide hydriodique...	157,466.
	soude,.............	39,09.

De potasse....	acide.	157,466.
	potasse..	58,99.

Quand les hydriodates se trouvent dans les eaux sulfureuses, ainsi que l'a fait voir M. Cantu, *Annales de chimie et de physique*, tome 28, il faut, pour les reconnaître, traiter le résidu de l'évaporation par l'alcool, évaporer presque entièrement, ajouter de l'amidon, et faire passer dans cette dissolution un peu de chlore; le liquide devient bleu. On apprécierait le poids en formant, comme ci-dessus, un deutiodure; alors on supprimerait l'amidon.

Indépendamment des mélanges dont il vient d'être question, le résidu peut contenir

Du soufre,

De la soude libre:

il convient aussi de les apprécier.

Le soufre.

Il se reconnaîtra facilement à sa couleur et à son odeur en brûlant; on pourrait l'apprécier en le chauffant légèrement et le volatilisant: la perte obtenue en donnerait le poids au moins approximativement.

La soude libre seule (1).

On la séparerait en abandonnant à l'action

(1) On a vu précédemment les moyens d'évaluer la soude mêlée avec la potasse.

de l'acide carbonique gazeux le résidu qui la contiendrait ; elle devient alors carbonate, et insoluble dans l'alcool à 40°, qui isolerait les hydrochlorates et nitrates auxquels elle serait mêlée ; puis, calcinant ce carbonate et le pesant, ou bien en le traitant par l'acide acétique, et formant un acétate.

Ce dernier, sec, donnerait, d'après sa composition chimique, le poids de la soude.

100 carbonate de soude sont formés de :

Soude, 60,17,
Acide, 39,83,

ou

Acétate de soude sec... { soude... 37,88.
acide.... 62,12.

On pourrait aussi, au lieu de calculer la soude en acétate, qu'on dessèche souvent assez difficilement, en faire un sulfate, et, après avoir calciné celui-ci, on le peserait. La composition de ce sulfate est pour 100 :

Soude, 43,82,
Acide, 56,18.

Si donc on a obtenu 10 grammes sulfate, ils représentent,

Soude, 4,382 ;

et, avec l'acétate, 10 grammes donneraient :

Soude, 3,788.

Enfin, on ne peut pas supposer dans les résidus de l'évaporation traités par l'alcool, du sous-carbonate ou du muriate d'ammoniaque; mais on peut croire que l'eau à analyser en contient; et la marche à suivre alors mérite une explication particulière.

§. Ier.

Évaluation du sous-carbonate d'ammoniaque.

On évaporera l'eau à siccité dans une cornue, en recueillant le produit de cette évaporation. En saturant par l'acide hydrochlorique le sous-carbonate volatilisé, on pourrait peut-être, quoique difficilement, savoir, par la quantité d'acide employée, la proportion d'ammoniaque, et par suite celle du sous-carbonate.

§. II.

Évaluation du muriate d'ammoniaque.

Si l'eau était supposée contenir du muriate d'ammoniaque seul, on apprécierait l'acide hydrochlorique, toujours par la formation d'un chlorure d'argent, et l'on aurait la quantité de sel ammoniac, puisque la composition de ce sel est connue,

100 hydrochlorates ammoniaque sont formés de :

Ammoniaque, 38,60,

Acide, 61,40:

l'eau étant comprise.

100 hydrochlorates d'ammoniaque représenteraient :

Carbonate d'ammoniaque 88,02;

car,

38,6 ammoniaque prennent

49,32 acide carbonique.

§. III.

Evaluation de muriate et de carbonate d'ammoniaque mêlés.

On appréciera d'abord sur un poids connu du liquide l'hydrochlorate par le mode qui vient d'être indiqué; puis on saturera le carbonate d'une même portion de ce liquide par l'acide hydrochlorique, et l'on connaîtra alors, à l'aide du chlorure d'argent, la quantité d'acide hydrochlorique contenue dans le poids de la liqueur essayée; sur cette quantité, on déduira le poids de l'acide combiné, existant primitivement, et la différence fournira celui de l'hydrochlorate formé par la décomposition du souscarbonate: de là, la connaissance de ce dernier sel est acquise.

SECTION II.

De l'analyse des sels enlevés aux résidus de l'évaporation par l'eau, à la suite de l'alcool.

Dans cette section, comme dans celle qui précède, on n'arrivera pas non plus à isoler directement toutes les substances ; il faudra se servir encore de la méthode de Murray.

PREMIER EXEMPLE.

Evaluation du carbonate de soude.

On saturera le carbonate par l'acide acétique très-étendu, et l'on emploiera ensuite de l'alcool faible, qui enlevera seulement l'acétate ; ce sel, converti en sulfate et calciné, donnera une quantité en poids, d'où l'on calculera celle de la soude, et de là aussi celle du carbonate sec.

Soit sulfate de soude obtenu, 10 grammes, représentant :

Soude, 4,388 ;

Comme le carbonate de soude se compose, pour 100, de

Soude, 60,17,
Acide, 39,83,

on dira :

$$60{,}17 : 39{,}83 :: 4{,}388 : x$$

$$\text{d'où } x = \frac{4{,}388 \times 39{,}83}{60{,}17} = 2{,}906 \text{ acide carbonique.}$$

Et cette quantité d'acide.......... 2,906
ajoutée à la quantité de soude........ 4,388
produit carbonate de soude sec....... 7,294

DEUXIÈME EXEMPLE.

Évaluation des borates de soude et sulfates des différentes bases.

L'acide borique, précipité par un acide, recueilli et fondu, pourra donner, par son poids, celui du borate alcalin, ou mieux on aura recours au procédé décrit chap. V, sect. III, art. 1er.

Pour les sulfates, on évaluera d'abord sur une portion de liquide la proportion d'acide sulfurique à l'aide de la baryte; le sulfate de baryte étant, comme il a été dit, composé de:

Acide, 34,37,
Baryte, 65,63.

On isolera ensuite les bases, telles que la chaux, la magnésie, l'oxide de fer et de manganèse, à l'aide des moyens déjà indiqués, tels que le carbonate d'ammoniaque, la potasse, le succinate de soude, et un hydrosulfate; puis on calculera combien chacun exige d'acide pour produire un sulfate. La soude pourra être appréciée à l'aide de l'acétate de baryte, qui donnera un acétate de soude, et par suite le produit de cette base.

Mais on peut séparer assez facilement le sulfate de soude de celui de chaux, en ajoutant à la dissolution des deux sels un peu d'alcool faible qui précipitera le second.

S'il existait du sulfate de cuivre, on pourrait apprécier ce métal par l'hydrogène sulfuré, qui donnera un sulfure de cuivre, d'où l'on obtiendra, par le calcul, le poids du métal, puis celui de son oxide, et par conséquent du sulfate.

Le sulfate d'alumine sera évalué d'après la calcination et la décomposition. La quantité d'alumine qui restera alors, inattaquable par les acides, donnera la proportion de son sulfate. On pourrait aussi, à l'aide de la potasse, en faire de l'alun et séparer ce sel; mais ce moyen serait peut-être moins direct et moins bon.

Ces calculs sont toujours basés sur les mêmes principes; c'est-à-dire que, connaissant la quantité d'une base, soit, par exemple :

La chaux, 4,153,

fournie par

Sous-carbonate, 7,353,

on dira, pour trouver ce qu'elle donne de sulfate :

$$41,53 : 58,47 :: 4,153 : x$$

$$\text{d'où } x \; \frac{4,153 \times 58,47}{41,53} = 5,847;$$

et son sulfate = 10 grammes; et ainsi pour tous les autres.

On a pour la composition des sulfates nommés plus haut, et pour 100 de chacun, savoir :

Sulfate de soude..........	soude...........	43,82.
	acide............	56,18.
Sulfate de chaux..........	chaux............	41,52.
	acide............	58,47.
Sulfate de magnésie........	magnésie.........	34,02.
	acide.............	65,98.
Sulfate d'alumine.........	acide.............	70,07.
	alumine...........	29,93.
Protosulfate de fer........	fer oxide.........	46,71.
	acide............	53,29.
Protosulfate de manganèse..	manganèse.......	47,63.
	acide............	52,37.
Persulfate de fer..........	fer peroxidé.......	39,42.
	acide............	60,58.
Sulfate de cuivre..........	cuivre deutoxidé...	49,73.
	acide............	50,27.

Des fluates.

M. Berzélius a indiqué, comme il a été dit chap. IV, §. II, la présence de l'acide fluorique combiné à la chaux, dans sa belle *Analyse des eaux de Carlsbad.* Nous avons annoncé qu'il a reconnu la présence de l'acide dont nous parlons, en recevant sur un verre de montre le gaz ou la vapeur dégagée par l'action de l'acide sulfurique sur les sels. Le verre avait été attaqué visiblement. Il est arrivé ensuite, par des moyens indirects, à apprécier exactement le fluate calcaire. Nous renvoyons à ce Mémoire intéressant pour reconnaître la présence de ce sel, qui n'avait pas encore été annoncé dans les eaux, et qu'il serait très-difficile d'isoler.

On peut toutefois les évaluer, en les transformant en sulfates, soit de chaux, soit de baryte, soit de potasse, suivant la nature du fluate, et calculant d'après la base de ces sulfates la quantité d'acide fluorique nécessaire pour la saturer. Voyez les exemples de ces genres de calculs chap. VII, sect. 1re.

La composition des fluates de potasse, de chaux, de baryte, est:

1°. Fluate de chaux.....	acide,	27,86.
	base,	72,14.
2°. Fluate de baryte.....	acide,	12,56.
	base,	87,44.
3°. Fluate de potasse....	acide,	18,90.
	base,	81,10.

Et celle des phosphates qui peuvent être aussi appréciés par le même moyen indirect:

Posphate de chaux......	acide,	55,62.
	base,	44,38.

Phosphate de soude......	acide,	53,30.
	base,	46,70.
Phosphate de baryte.....	acide,	31,80.
	base,	68,20.
Protophosphate de fer...	acide,	50,39.
	base,	49,61.
Phosphate d'alumine....	acide,	67,57.
	base,	32,43.

SECTION III.

Des substances qui ont échappé à l'action successive de l'éther, de l'alcool, de l'eau chaude et froide.

PREMIER EXEMPLE.

Séparer et évaluer les sous-carbonates de chaux et de magnésie, et les oxides de fer et de manganèse.

Pour opérer assez exactement cette séparation, on calcinera le mélange, et on le traitera par une petite quantité d'acide acétique, pour n'enlever que la chaux et la magnésie des sous-carbonates à l'état d'acétates solubles dans l'alcool. Le fer et le manganèse oxidés resteront intacts sensiblement, et on les isolera, comme il sera dit plus loin.

Quant aux acétates dissous par l'alcool, et dont la solution alcoolique aura été évaporée à siccité, pour chasser l'excès d'acide, en ajoutant dans leur dissolution aqueuse opérée de nouveau du carbonate d'ammoniaque, on pourra en séparer la chaux; la magnésie sera obtenue en précipitant cette base par l'addition d'un peu de potasse alcoolisée : elle sera alors recueillie, séchée et pesée (1).

Au sujet de la séparation exacte de ces deux bases, il a été donné plusieurs procédés.

Le premier consiste à former deux sulfates, dont l'un, à base de chaux, n'est pas sensiblement dissous par l'eau très-froide, ajoutée en petite quantité, à évaporer à siccité la liqueur qui contient le sulfate magnésien, puis à calciner très-fortement.

Le deuxième, donné par Bucholz, consiste à se servir d'un bi-carbonate de soude ou de potasse, à filtrer et à faire bouillir.

Le troisième, présenté par Wollaston, est l'emploi du phosphate de soude neutre qui précipite la chaux; puis, par l'addition du carbonate d'ammoniaque dans la liqueur filtrée, on précipite la magnésie à l'état de phosphate ammo-

(1) M. Longchamps, dans un intéressant Mémoire inséré dans les *Annales de chimie et de physique*, tome 13, page 255, a démontré la difficulté de séparer très-exactement la chaux d'avec la magnésie. Il a donné à ce sujet un procédé plus convenable, et a fait voir les inconvéniens de plusieurs autres présentés dans le même but.

niaco-magnésien : par une calcination forte, on transforme ce sel en phosphate de magnésie.

Dans le quatrième, fourni par M. Doebereiner, on précipite les deux bases par le sous-carbonate de potasse ; et les deux sous-carbonates de chaux et de magnésie étant lavés, séchés et pesés, on les fait bouillir dans un excès de muriate d'ammoniaque. Le carbonate de magnésie seul est dissous ; celui de chaux reste intact. Par son poids et celui du mélange, la différence indique la quantité de carbonate de magnésie, que l'on peut d'ailleurs précipiter par la potasse.

Dans un cinquième, indiqué par M. Longchamps, ce chimiste propose l'emploi du carbonate d'ammoniaque à froid pour précipiter la chaux, et conseille de filtrer promptement pour éviter la précipitation du carbonate de magnésie. M. Longchamps a fait voir que ce dernier sel est soluble en petite quantité dans les carbonates alcalins ; ce qui doit apporter quelque erreur dans les résultats du procédé de M. Doebereiner.

Enfin, tout récemment, M. Dulong, pharmacien à Astafort (Lot-et-Garonne), *Journal de Pharmacie* (avril 1825, page 158), a proposé de précipiter la chaux à l'aide de l'oxalate neutre d'ammoniaque, assurant que l'oxalate de magnésie, étant soluble, peut être séparé, et se précipite en carbonate lorsqu'on verse dans la liqueur filtrée du carbonate de potasse. Il a observé un fait dont Bucholz avait déjà parlé : c'est que le bi-carbonate de potasse ne précipite pas toute la chaux, et que plus il existe de magnésie unie à cette base, moins la précipitation du premier se prononce. Nous avons répété ces divers procédés sur des quantités connues de mélanges de chaux et de magnésie, et nous avons bien remarqué l'insuffisance de plusieurs d'entr'eux.

Le premier mode, celui de la formation de deux sulfates, est quelquefois assez satisfaisant, surtout en ajoutant dans l'eau de très-petites quantités d'alcool pour précipiter tout le sulfate de chaux.

Celui de M. Longchamps nous a paru réussir très-bien, surtout pour précipiter toute la chaux.

Le quatrième rentre dans le même cas, car il est fondé sur le même principe.

Quant à ceux de Bucholz, de Wollaston, ils nous ont toujours offert des résultats plus éloignés de la vérité, comme nous allons le présenter d'après quelques essais faits dans cette vue. Tantôt la chaux se trouvait entraînée avec la magnésie, tantôt une partie de cette dernière était précipitée d'abord avec la chaux.

Nous dirons tout à l'heure le moyen que nous

croyons devoir présenter le moins d'erreur; mais auparavant voici le résultat de quelques expériences sur les modes cités plus haut :

On a pris :

Magnésie calcinée récemment. . . 4,
Sous-carbonate de chaux pur. . . . 8,

représentant chaux, 4,511.

On a fait dissoudre ces deux substances dans l'acide acétique, et on les a exposés à une douce chaleur jusqu'à siccité, sans décomposer les acétates formés. On les a fait dissoudre dans une certaine quantité d'eau, et la dissolution, qui n'était pas sensiblement acide, pesait 478 gr. Cette liqueur fut divisée en plusieurs parties égales à 105 grammes chacune, qui représentait les quantités de

Chaux. . . 0,99,
Magnésie, 0,878.

PREMIER ESSAI.

105 gr. de la liqueur ont été traités comme il suit :

On a versé dans le liquide du bi-carbonate de potasse, sans en ajouter un grand excès; on a filtré et fait bouillir pendant très-long-temps.

Le résultat obtenu fut :

1°. Carbonate de chaux. 1,48,
d'où, chaux, 0,834;

2°. Carbonate de magnésie. . . 1,84,
d'où, magnésie, 0,84.

Dans une seconde expérience, où la quantité de bi-carbonate de potasse avait été plus grande, on n'a presque point obtenu de carbonate calcaire, mais beaucoup de carbonate de magnésie, par l'addition d'un peu d'alcali dans la liqueur filtrée. Le premier précipité ne se fait pas instantanément : c'est ce que M. Dulong a observé dans son travail à ce sujet.

DEUXIÈME ESSAI.

105 gr. de liqueur ont été traités par du phosphate de soude bien exactement neutre; on a obtenu un précipité de phosphate de chaux, qui, lavé et séché, puis calciné, pesait :

3,25, représentant

chaux, 1,44.

Dans le liquide filtré, on a précipité la magnésie à l'état de phosphate ammoniaco-magnésien, en y ajoutant du carbonate d'ammoniaque, puis recueillant le précipité, et le calcinant fortement pour convertir le sel double en phosphate de magnésie, comme l'indique *Accum* (*Réactifs chimiques*, p. 205). Ce nouveau sel pesait 1,09, et représentait :

Magnésie, 0,4 ou 0,399.

De plus, la liqueur d'où s'était déposé le sel

double indiquait encore, par les réactifs, des traces de magnésie.

Il y avait donc eu ici, dans la quantité de chaux, une augmentation de 0,454, et dans la magnésie, au contraire, une perte de 0,478. Or, il faut qu'une partie de cette base ait été d'abord précipitée avec le phosphate de chaux, et l'on voit que ce procédé est encore infidèle.

TROISIÈME ESSAI.

105 gr. de liqueur, traités par le carbonate d'ammoniaque récemment préparé, et précipités à froid, ayant eu soin de filtrer promptement, ont donné :

Sous-carbonate de chaux, 1,72 1,75,
d'où, chaux, 0,975............ 0,982.

A l'aide de l'ébullition, on n'a presque rien obtenu; mais l'addition soignée du sous-carbonate de potasse a fourni un précipité de

Sous-carbonate de magnésie, 1,24,
d'où, magnésie, 0,6.

Il y avait aussi de la magnésie dans la liqueur; car la potasse, ajoutée au liquide, donna lieu à des flocons blancs qui se sont précipités. Ce qui n'étonnera pas, puisque M. Longchamps a fait voir que le carbonate de magnésie se dissout un peu dans le carbonate de potasse, ainsi que dans les sulfate, muriate et nitrate de la même base.

Ce procédé approche donc beaucoup de la vérité pour séparer la chaux.

QUATRIÈME ESSAI.

105 gr. de la liqueur ont été mêlés avec une solution en excès d'oxalate d'ammoniaque bien neutre; on a filtré, et le précipité, lavé à l'eau chaude, recueilli, séché et pesé, a donné

Oxalate de chaux, 2,85,.
d'où, chaux. . . . . 1,255.

Puis la liqueur, traitée par un carbonate alcalin, a donné, carbonate de magnésie lavé et séché. 1,25,
d'où, magnésie. . . . . 0,605.

Le liquide provenant de cette seconde filtration renfermait aussi de la magnésie.

Ici, la quantité de chaux du premier précipité se trouve augmentée de 0,265, et celle de magnésie, au contraire, est diminuée de 0,273 : il est donc probable que l'oxalate de chaux a entraîné avec lui une certaine proportion d'oxalate magnésien, sel moins soluble que ne paraît l'admettre M. Dulong, si l'on considère d'ailleurs que la dissolution du sulfate de magnésie est très-fortement précipitée par l'oxalate d'ammoniaque.

Cependant M. Dulong annonce qu'en filtrant

promptement après la précipitation, on sépare sensiblement toute la magnésie.

Il nous restait donc à essayer l'ancien procédé, et à rechercher si l'on ne pourrait pas arriver aussi directement à séparer ces deux bases et à les évaluer.

On a pris :

Magnésie calcinée comme ci-dessus, 1,

Sous-carbonate de chaux. 1,

d'où, chaux. . . . . 0,5639.

On a fait dissoudre dans l'acide sulfurique; la liqueur, évaporée à siccité, a été calcinée fortement pour chasser tout l'acide en excès (1); l'on a versé sur le résidu de l'eau à peine alcoolisée. Le sulfate de chaux calciné restant

Pesait 1,32,

d'où chaux, 0,54;

et le sulfate de magnésie, évaporé à siccité et calciné, a donné,

Sulfate, 2,82,

d'où, magnésie . . . . 0,95.

Voici le mode que nous proposons; il est fondé sur l'observation de M. Longchamps, que la po-

(1) Pour parvenir à chasser d'un mélange tout l'acide sulfurique en excès qu'il peut retenir, M. Berzélius conseille d'y ajouter un peu de muriate d'ammoniaque, puis de calciner très-long-temps.

tasse ou la soude précipitent toute la magnésie d'une dissolution qui la renferme : on fait dissoudre le mélange des deux sels ; on les précipite par un très-léger excès de potasse pure, en ajoutant un peu d'alcool pour éviter de dissoudre de la chaux ou de la magnésie. (Il faut ajouter assez peu d'alcool pour ne pas précipiter aussi du carbonate de potasse.)

Ces deux bases, lavées à l'alcool et séchées, sont dissoutes de nouveau dans l'acide hydrochlorique : on évapore et l'on calcine le résidu pendant très-long-temps. Le sel magnésien seul est décomposé ; on verse sur le tout de l'alcool à 32° qui n'attaque pas la magnésie ; le chlorure de calcium restant dans le liquide est évaporé et calciné fortement. Quant à la magnésie, on la recueille par décantation, et on la calcine dans un tube de verre taré avec soin.

On a eu, dans une expérience de ce genre, pour :

Magnésie. . . . . 1 gr.
Sous-carbonate de chaux, 2
d'où, chaux. . . . . 1,1278.
1°. Chlorure de calcium fondu, 2,22,
Pour chaux. . . . . . . 1,142 ;
2°. Magnésie. . . . . 0,975.

Le chlorure de calcium retenait encore quelques traces de magnésie; ce qui a augmenté un peu son poids, que la théorie établit à 2,13.

Au reste, l'hydrochlorate de magnésie, pour être tout-à-fait décomposé, exige une calcination très-prolongée. A la vérité, le chlorure de calcium l'est aussi un peu; mais cette décomposition est trop faible pour donner des erreurs sensibles (1).

Pour terminer ce qui est relatif au premier exemple de cette section, il ne reste plus qu'à traiter du mélange des deux oxides de fer et de manganèse.

On peut les séparer, comme le conseille M. Chevreul, en traitant par l'hydrosulfate neutre de potasse ou d'ammoniaque un mélange de ces deux oxides avec la chaux et la magnésie, tous dissous dans un acide. Les oxides de fer et de manganèse étant seuls précipités, on calcine les hydrosulfates, puis on les convertit en hydrochlorates, ayant soin d'ajouter un peu d'acide nitrique pour suroxider le fer. Alors, à l'aide du succinate de potasse ou d'ammoniaque, et

(1) D'après tous ces modes, on peut voir que les résultats dans plusieurs sont assez approximatifs, mais qu'ils ne sont pas d'une exactitude rigoureuse, vu le peu de solubilité des carbonates de chaux et de magnésie, soit seuls, soit unis aux corps précipitans.

d'une légère ébullition, on sépare l'oxide de fer en succinate; on calcine et l'on pèse. La liqueur filtrée laisse précipiter à son tour l'oxide de manganèse par l'addition du sous-carbonate de potasse. Le carbonate de manganèse calciné est pesé avec soin : il représente l'oxide de ce métal.

Si l'on n'agit que sur les deux oxides seuls, on peut se contenter de les dissoudre tout de suite dans l'acide hydrochlorique, et d'agir comme il a été dit pour le reste; ou bien, l'oxide de fer étant séparé, on ajoute au succinate de manganèse en dissolution une certaine quantité d'hydrosulfate de potasse; puis on recueille le nouveau sel de manganèse, et on le convertit par une forte calcination à l'air en deutoxide brun composé de :

Oxygène..... 29,66,
Manganèse... 70,34.

DEUXIÈME EXEMPLE.

Séparer le sulfate de chaux, le phosphate de chaux et la silice. (Rarement il s'y trouve de l'alumine; elle n'a pas même presque été annoncée dans les eaux.)

Après avoir calciné le résidu pour rendre inattaquables la silice et l'alumine (s'il s'en trouve), on traite le tout par l'acide hydrochlorique, qui dissout le sulfate de chaux, le sous-phosphate de chaux, l'oxide de fer et de manganèse qui pourraient aussi se trouver dans le résidu. L'alcool à 36° sépare le sulfate et le phosphate de chaux qui se précipitent.

Le mélange de sulfate et de phosphate sera analysé; on en déterminera la chaux et l'acide sulfurique, qui donneront à la fois le sulfate et le phosphate par l'excès de chaux nécessaire à la saturation de l'acide.

On peut aussi séparer le sulfate de chaux de la silice, en traitant à chaud par du sous-carbonate de potasse, attaquant le résidu bien lavé par l'acide hydrochlorique, qui enlevera seulement le sous-carbonate de chaux formé, et laissera la silice intacte. En décomposant alors le muriate de chaux par l'acide sulfurique dans un creuset taré, desséchant et calcinant, on aurait le poids réel du sulfate calcaire.

Nous ne parlons pas ici des sulfates de baryte et de strontiane fort difficiles à séparer l'une de l'autre, mais qui, jusqu'ici, n'ont pas été rencontrés dans les eaux. Au reste, le sulfate de baryte, s'il s'y trouvait, pourrait être décomposé par le sous-carbonate de potasse, et le carbonate de baryte, converti en un nouveau sulfate qu'on peserait après l'avoir calciné.

Si l'on voulait aussi déterminer la silice et l'alumine, on calcinerait le résidu avec la potasse pure, en rendant ces deux oxides solubles; on les ferait ensuite dissoudre dans l'acide hydrochlorique ou sulfurique, puis on évaporerait le tout à siccité. Le muriate ou le sulfate de silice étant décomposé avant d'être rapproché à siccité, on étendrait d'eau, et la silice gélatineuse, recueillie, puis lavée, serait calcinée et pesée.

On verserait dans la liqueur du carbonate d'ammoniaque pour précipiter l'alumine; on recueillerait cette base, et, après l'avoir lavée, on la calcinerait pour en avoir le poids. On pourrait également la précipiter par l'hydrosulfate neutre de potasse.

Enfin, il ne pourrait rester de matières organiques insolubles dans l'eau et l'alcool, puisqu'elles auraient été décomposées pendant ces divers traitemens, et on les aurait vues se charbonner. D'ailleurs, à l'aide d'une eau légèrement alcaline, on aurait souvent pu les rendre solubles avant de traiter le résidu comme il a été annoncé.

APPENDICE.

DES BOUES MINÉRALES OU MÉDICINALES.

Souvent on trouve au fond des sources minérales des dépôts vaseux, que l'on administre aux malades en bains, et qui portent le nom de *boues médicinales*.

Ces matières sont ordinairement chaudes, surtout dans les eaux thermales, et exhalent, comme on le pense bien, une odeur fort désagréable. Elles sont composées, en grande partie, des mêmes principes que les eaux qui les surnagent; et, de plus, elles renferment des substances organiques particulières déjà en partie décomposées ou facilement très-décomposables.

On fait souvent plonger dans ces eaux les parties malades, les jambes, les bras, et quelquefois le corps entier, et si elles sont froides, on les fait chauffer avant de les employer.

Il n'y a que très-peu d'endroits où l'on fasse usage de boues minérales. Celles de Saint-Amand en Flandre sont les plus renommées.

Parmi les substances que l'on rencontre dans les boues, M. Vauquelin a signalé le soufre, le sulfure de fer, et surtout une matière organique particulière.

Comme on peut aussi être appelé à faire l'analyse d'une *boue* minérale, il ne sera peut-être pas inutile à ce sujet de donner quelques notions succinctes à la vérité, en raison du petit nombre d'analyses qui existent sur cette matière.

Disons d'abord qu'on doit avant tout constater, à l'aide du thermomètre, la température ordinaire de ces boues, et, après avoir pris connaissance de leurs caractères physiques, on peut essayer de les traiter de la manière suivante :

1°. Les parties liquides qu'elles renferment devant être composées à peu près comme l'eau minérale, au fond de laquelle elles se sont déposées, on peut étendre ces boues d'un peu d'eau distillée lorsqu'elles sont trop épaisses, et filtrer ensuite la liqueur.

2°. On essaie alors celle-ci par les réactifs dont nous avons parlé. Ainsi, on y recherchera, surtout après les sulfates, hydrochlorates et carbonates, la présence d'hydrosulfates et d'hyposulfites, car ils doivent s'y rencontrer souvent.

On y rencontre particulièrement du soufre combiné à une sorte de substance résineuse, et une matière organique végéto-animale, que M. le docteur Pallas a trouvée dans les deux boues de Saint-Amand (*Journal de Pharmacie*, tome 23, page 104), et que nous avons aussi rencontrée assez semblable dans l'analyse des boues minérales d'Availles (Charente). Cette matière, soluble dans l'alcool, exhale une odeur alliacée fétide, et donne un extrait jaune-safrané, soluble dans l'eau et dans l'alcool. La matière jaune que l'alcool nous a fournie dans les boues d'Availles, dégageoit une odeur très-prononcée de soufre par la combustion. De plus, pendant la distillation, de la boue, poussée à siccité, pour obtenir les gaz hydrosulfurique, carbonique, azote, etc., d'après les procédés indiqués précédemment, il s'est sublimé dans le col de la cornue une quantité notable de soufre, reconnaissable encore par l'ébullition de la boue dans des vases de cuivre ou d'argent qu'elle noircit très-visiblement. On trouve surtout dans ces boues une matière organique azotée qui est plus ou moins soluble dans l'eau, et qui, rapprochée en extrait, est amère, brune, et donne, par la décomposition, des produits fétides ammoniacaux. Ces substances doivent provenir des débris des végétaux putréfiés qui, ayant resté longtemps sans doute en contact avec les matières organiques azotées, si fréquentes dans les eaux médicinales, se sont réciproquement décomposées, et ont donné naissance à des produits nouveaux.

Aussi pourra-t-il ne pas sembler étrange qu'il se soit formé, par l'effet de l'action de ces matières végétales sur les sulfates, des hydrosulfates de chaux, de magnésie, peut-être même d'ammoniaque, qui, en se décomposant à l'air, et en agissant aussi sur d'autres matières contenues dans l'eau interposée, ont dû produire des hyposulfites, du soufre, du sulfure de fer, de l'acide hydrosulfurique, dégagé peut-être par l'action de l'acide carbonique sur les hydrosulfates formés.

M. Chevreul (*Dictionnaire des Sciences naturelles*, tome 22, page 295) annonce avoir formé de l'hydrosulfate de chaux en laissant long-temps en contact de l'eau séléniteuse avec des matières végétales; et ce fait pourra peut-être faire regarder comme assez probable l'hypothèse que nous avançons ci-dessus.

Le reste de la boue contient ordinairement de la silice, de l'alumine, des carbonates de chaux et de magnésie, de l'oxide de fer, dont une partie peut être à l'état de sulfure (ce qu'on reconnaîtra facilement, en ce que, traité par l'acide hydrochlorique ou sulfurique, il laissera dégager de l'hydrogène sulfuré; on y retrouvera de l'oxide de manganèse, du soufre aussi, et souvent encore des parties organiques insolubles dans l'eau.

On peut donc, d'après ce qui a été dit, établir que, pour analyser une boue médicinale, il faut :

1°. En faire chauffer une certaine quantité dans un vase distillatoire, recueillir les gaz sous le mercure, et les analyser d'après les moyens indiqués. On reconnaîtra s'ils sont formés d'hydrogène sulfuré, d'acide carbonique, d'azote, et peut-être de gaz hydrogène carboné (1);

2°. En traiter une petite quantité prise dans son état naturel avec un peu d'eau, ou bien on se contentera de la verser sur un filtre; on recueillera le liquide obtenu. Celui-ci, évaporé convenablement, sera aussi soumis à l'action des réactifs, tels que

Le nitrate de baryte,
— d'argent,

(1) On pourrait reconnaître l'hydrogène carboné en séparant d'abord du mélange gazeux les acides hydrosulfurique, carbonique, sulfureux, par la potasse; puis, faisant détonner le résidu dans l'eudiomètre avec de l'oxygène, par la production de l'eau et du gaz carbonique, on serait assuré de la présence du gaz dont nous parlons.

L'oxalate d'ammoniaque,
Les sels de plomb,
— de cuivre.
Le chlore liquide,
Le papier bleu de tournesol,
— jaune de curcuma,
Le muriate de platine,
L'ammoniaque,
La potasse,
Les acides, etc.
L'éther,
L'alcool, etc.

Et, d'après tous les essais, on verra facilement si le liquide renferme des sulfates, des hydrochlorates, des hydrosulfates, des hyposulfites, de la chaux, de la magnésie, etc., et des matières organiques.

On peut traiter ensuite la boue privée d'eau par l'alcool et l'éther, et l'on obtiendra souvent, comme cela a été remarqué ci-dessus, une substance jaune alliacée, contenant du soufre, plus quelques sels.

Par l'ébullition dans l'eau, on pourra enlever encore à la boue quelques sels, surtout du sulfate de chaux, s'il en existe, et beaucoup de matière organique et azotée, que l'on décomposera par le feu.

Pour obtenir les carbonates de chaux, de magnésie, le fer et le manganèse, on fera d'abord sécher la boue épuisée par l'alcool et l'eau froide ou chaude, et on y ajoutera un peu d'acide acétique. L'alcool enlevera les acétates de chaux, de magnésie, que l'on pourra évaluer comme il a été dit précédemment.

Enfin, on calcinera fortement le résidu inattaqué; par ce moyen, on détruira la matière organique qui a pu résister à l'action des agens employés, et, après avoir séparé de la poudre insoluble les oxides de fer et de manganèse, à l'aide de l'acide hydrochlorique et du succinate de soude ou de potasse, etc., on soumettra à l'ébullition avec de la potasse pure pour enlever la silice et l'alumine. Le tout étant dissous dans l'acide sulfurique, on évaporera aux deux tiers au moins. La silice se sépare en gelée, qu'on lave et qu'on calcine. On obtient l'alumine en ajoutant, comme il a déjà été annoncé, du carbonate d'ammoniaque dans la liqueur, lavant et calcinant le dépôt.

CONCLUSION.

D'APRÈS tout ce qui a été dit, et d'après les soins minutieux apportés dans l'analyse des eaux, peut-on conclure des résultats obtenus que les sels qu'on y retrouve existent *toujours* dans ces eaux tels qu'on les a recueillis par l'opération? Nous ne le pensons pas, et nous croyons, comme beaucoup de chimistes, que bien souvent ils se forment, pendant l'évaporation, par des doubles décompositions et par leur réaction réciproque. Il serait facile toutefois, à l'aide du calcul théorique, de les considérer tels qu'il est probable qu'ils existent primitivement. Il est même différens corps qui peuvent les modifier de manière à présenter dans le résidu des résultats fort différens de ceux que devrait donner l'eau, comme cela a lieu, par exemple, pour certaines eaux sulfureuses, où il se trouve à la fois des hydrosulfates et de l'acide carbonique; hydrosulfates démontrés par les réactifs, et surtout par la formation à l'air d'hyposulfites qui n'existaient pas primitivement dans l'eau. Ici, l'acide hydrosulfurique est en partie dégagé, et le résidu ne contient que des sous-carbonates et des hyposulfites. Des expériences tentées à ce sujet ont déjà servi, sinon à prouver tout-à-fait, du moins à appuyer fortement cette opinion.

De ces faits, il ne faudrait pas conclure cependant que *toujours* les produits obtenus par l'évaporation doivent différer de ceux existans dans l'eau primitivement; car il est une foule de circonstances où cela n'a pas lieu, et même où certaines substances existent simultanément avec d'autres, sans les décomposer, ainsi que la théorie devrait le faire supposer.

On voit de plus combien l'analyse des eaux offre encore de difficultés, et combien d'essais divers elle nécessite; aussi ne faut-il pas se borner à agir sur de petites quantités, et est-il bon de varier beaucoup les expériences. Il est d'ailleurs nécessaire, comme on l'a déjà conseillé, de ne rechercher dans le résidu que deux ou trois corps au plus, et, lorsqu'ils sont déterminés, de les négliger dans ce même résidu, pour s'occuper de ceux qui d'abord n'avaient pas été l'objet de l'attention et de l'examen chimique.

Quant aux calculs arithmétiques que nécessitent aussi les analyses, ils sont presque toujours bornés à des multiplications, des divisions, des règles de proportion faciles à établir, et avec lesquels on est promptement familier.

Nous espérons qu'avec toutes les précautions et tous les soins indiqués dans ce Manuel, on pourra parvenir à connaître la nature des eaux, sinon très-exactement, du moins d'une manière assez approximative de la vérité, pour oser en présenter les résultats avec une certaine confiance à tous ceux qui s'occupent de l'art de guérir, et qui recherchent dans les eaux minérales ou médicinales des moyens de soulager l'humanité.

FIN.

TABLE

DES MATIÈRES.

FIN DE LA TABLE.

www.ingramcontent.com/pod-product-compliance
Ingram Content Group UK Ltd.
Pitfield, Milton Keynes, MK11 3LW, UK
UKHW020136220726
13923UKWH00001B/200